蛋糕装饰
技法丛书

糯米纸蛋糕
装饰工艺

［英］施泰维·奥布尔（Stevi Auble）　著

伍　月　等译

机械工业出版社
CHINA MACHINE PRESS

目录 Contents

蛋糕

简介

　　糯米纸在糖果工艺领域应用范围很广，尤其常见于牛轧糖的制作中。在几个世纪以前的美国，它曾是中上阶层专属的食品，因为它是用土豆制成的，所以在当时是一种高价的商品。此后，糯米纸的主要成分变得容易获取，使得它变为一种具有成本效益的可食用装饰品，得到了广泛的应用。糯米纸的外观轻盈，实际重量很轻，这些特点使它成为一种多功能的蛋糕装饰介质，可以大量使用，却不会破坏蛋糕的结构。

　　在本书中，我将向您展示各种糯米纸的创新装饰方法，从单片叶子到立体结构，从基本的"纸做的花"到逼真的花朵，这些装饰如此逼真，以至于您很难将它们与真正的实物区分开来。您将看到适用于各种场合的蛋糕装饰制作的完整步骤，这些装饰轻盈，富有空气感，能够快速组装。一些令人印象深刻的装饰，如仿真皮革和仿造的可食用金箔、花环、蝴蝶结、五彩纸屑等，都可以反复使用。简而言之，我希望您能在这里找到足够的实用建议和灵感，成为糯米纸艺术创造者，走上自己的灵感之路，您会发现这个简单的产品竟然能完成这么多奇思妙想！

工具和材料

下面从左至右，从上到下列出了本书中会用到的一些制作各种糯米纸花、装饰的工具和材料，右页也有相应的图示。还有一些不太常用的工具并未在此列出，比如用来粘铁丝的可食用胶水和热胶枪。书中在讲解每一种装饰的时候，都会在一开始列出你需要的一切。

- 各种规格尺寸的白色、绿色花艺铁丝（铁丝包着白色或绿色的布）
- 贝壳和叶片模具
- 铁丝剪（也会用到尖嘴钳）
- 糯米纸塑形剂
- 窄胶带
- 不同尺寸的球形和锥形泡沫，用热胶枪粘上花艺铁丝
- 实心泡沫球
- 泡沫圆柱体（蛋形也需要）
- 六边形饼干模（或打孔器）
- 手工流苏剪刀
- 白色和绿色花艺胶带
- 大号擀面杖
- 小号擀面杖
- 尺子（干净的尺子和纤维胶带会经常用到）
- 大号的蓬松刷子
- 各种尺寸的平头颜料刷
- 铅笔
- 硅胶花瓣模具（硅胶模具盘也需要）
- 剪刀

- 压花轮
- 伏特加酒（或其他高酒精浓度的无色酒）
- 饰胶
- 黑色凝胶色素（其他颜色也需要）
- 金色荧光粉（还需要金色闪片）
- 黑色干佩斯（白色和浅黑色也需要）
- 各种颜色的可食用色素
- 翻糖工艺刀
- 各种大小的圆形打孔模具
- 艾素糖块（isomalt nibs）
- 星形压花器
- 翻糖
- 打孔器
- 小型叶子压花器
- 条形挤压器
- 满页纸压花器
- 可食用的金色转印纸
- 各种颜色的花瓣粉
- 双面叶脉硅胶模具
- 各种厚度的糯米纸

上色和印花

给糯米纸上色有很多种方法，不同的技巧可以产生不同的效果。以下是本书中最简单常用的四种方法。

可食用打印 *Edible printing*

我最喜欢用可食用打印机给糯米纸上色。可食用打印机可以让你自己控制颜色的成品效果，它也是唯一一种能给你带来坚实、一致、匀称、完整色彩效果的设备。在可食用的图像/打印市场上有各种各样的产品，要想找到适合你的产品，需要进行一番细致的调查。了解你所在地区的现有产品以及什么是符合当地法律法规的产品是很重要的。一旦有了适合自己需求的机器，就可以使用一些简单的程序来创建完整的颜色表。我喜欢使用Microsoft Word，只需要简单地"插入"能覆盖整个页面的矩形，然后用我选择的颜色填充。纸张设定为在光滑的一面（正面）打印。但是，如果需要更深的颜色，就需要对糯米纸进行双面打印。

干花瓣粉 *Dry petal dusts*

花瓣粉可以刷在糯米纸光滑的一面（正面）。这是一种非常快速和便捷的着色方法，做出的成品轻盈、充满空气感，看起来像水彩艺术作品。将颜色沿着一个小的圆形运动轨迹刷到糯米纸上，是将花瓣粉分散涂匀的最好方式。这一步骤可以在组装花朵之前完成，或者根据整体外观在后面的步骤中用作额外的装饰。

油性色素 *Oil based colors*

食用油基色素可以用来给糯米纸上色，并且不会像水基颜料那样产生将糯米纸溶解的风险。市场上有许多现成的混合色素，你也可以通过混合少量的油，如糖果色素调配液（flo-coat）、植物油或起酥油（白色植物油）、花瓣粉或少量凝胶状色素来制作你自己的油性色素。你只需要简单地将花瓣粉和你选择的基底油混合均匀，然后将颜色刷到糯米纸光滑的面。整面刷满颜色之后，就把它放到一边干燥。根据使用的油基，干燥时间可以从几个小时到24小时不等。这种方法会产生较深的色调，但仍然会存在一些条纹和上色不一致的现象。这种现象的出现是因为油会以不同的速率浸入糯米纸的不同区域中，并且加重了糯米纸内部结构自然发生的缺陷。

可食用油漆 *Edible paints*

这种方法可以得到效果仅次于用可食用打印机做出的成品。可食用油漆是特别调配的，适用于各种食品的表面，包括糯米纸。蘸取少许，用刷子刷在糯米纸光滑的一面（正面），使其颜色更加饱和。它也是一种比油基色素能更快干燥的产品，因此用这种方式着色的糯米纸可以在20或30分钟内着色并使用。

花 朵

Flowers

纸玫瑰 *Paper Rose*

在构思设计蛋糕装饰的时候你会发现自己不停地用到这款玫瑰花，所以精通这种花型是非常必要的。

你需要

- AD-0 糯米纸
- 铅笔
- 剪刀
- 白色干佩斯
- 饰胶
- 颜料刷

1. 把糯米纸放在纸玫瑰花瓣模板上（参见 P124），画出 5 个大花瓣、4 个中花瓣和 3 个小花瓣。用剪刀剪下每一片花瓣。然后从每片花瓣的底部剪开一条缝，大约剪到距花瓣上方一半的中间位置。

2. 接下来，将一小块白色的干佩斯用手指按压成直径约 2.5 厘米、厚度约 5 毫米的碟子状，作为玫瑰花的底座，先放在一边，开始制作花瓣。

3. 将 5 个大花瓣的反面（糯米纸粗糙的一面）朝上，并在每一片花瓣的整个面上刷少量的饰胶。

4. 当所有的花瓣都刷满饰胶之后，一个一个将它们拿起，正面（光滑的一面）面向你，将花瓣顶部向外翻折塑形，将切口右端的角折到左边角的上方，在花瓣底部产生重叠。这种重叠会制作出一个较浅的杯状。

5. 将所有的 5 个大花瓣都卷曲成杯状后，把它们一个接一个地放在干佩斯制成的底座上，重叠在一起，直到它们围绕着底座均匀排列成一圈。

6. 最后，对 4 个中花瓣重复步骤 4 和 5，然后是 3 个小花瓣，直到完成花朵的制作。

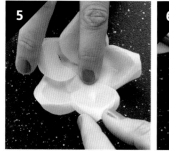

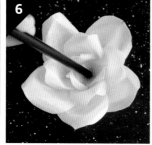

基础花型
纸卷玫瑰 *Rolled Rose*

这是制作起来最简单的一种玫瑰花，因此如果你需要大量的玫瑰花，那么它是一个不错的选择！你可以将它做得松散或紧致，或者像花苞一样。

你需要

- 白色干佩斯
- AD-0 糯米纸
- 剪刀
- 饰胶
- 颜料刷

1. 将一小块白色的干佩斯按压成直径约 2.5 厘米、厚度约 5 毫米的碟子状，放置一旁备用。

2. 把糯米纸剪成 20 厘米 ×20 厘米的正方形。从一个角开始，围绕中心转动着剪成波浪螺旋状。剪到中心时留下一个小洞。

3. 剪好后，将糯米纸翻面（粗糙的一面朝上），并在整个面上刷少量饰胶。

4. 拿起糯米纸最外圈的尾端，光滑、无饰胶的一面朝向你，制作糯米纸卷。当你卷起它时，饰胶应该在外侧。

5. 轻轻地继续将纸卷卷起，不要太过用力或拉得太紧。

6. 当卷好整个纸卷后，立即把花朵的底部压到干佩斯底座上去将它固定住。

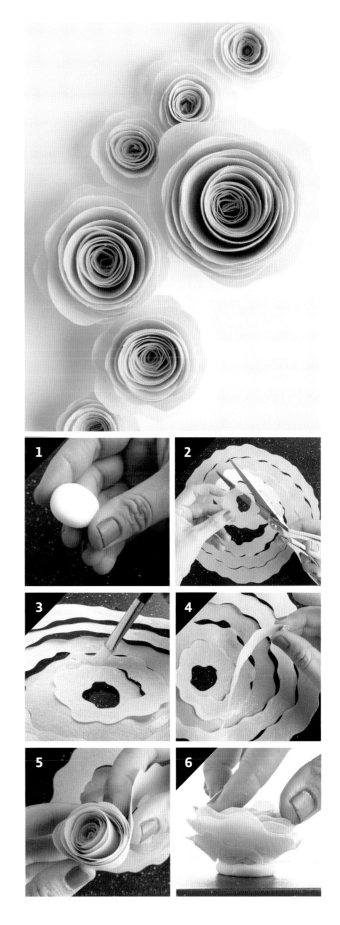

基础花型

简易版花毛茛 *Ranunculus*

这是一种简单的花毛茛制作方法，这种花像玫瑰一样美丽。

你需要

- 白色干佩斯
- AD-0 糯米纸
- 直径 2.5 厘米、3 厘米和 4 厘米的圆形打孔器

- 剪刀
- 饰胶
- 颜料刷

1. 将一小块白色的干佩斯用手指按压成直径约 4 厘米、厚度约 3 毫米的碟子状，作为花毛茛的底座，先放在一边，开始制作花瓣。

2. 用圆形打孔器和糯米纸制作出 3 片直径 2.5 厘米的花瓣，4 片直径 3 厘米的花瓣和 9 片直径 4 厘米的花瓣。圆形花瓣做好后，用剪刀将它们剪开，剪至圆心处。

3. 先从 5 片 4 厘米的花瓣开始，将其翻面（粗糙的一面朝上），将少量饰胶涂抹到所有花瓣的下半部分，即有切口的那一半。

4. 将花瓣切口右端的角折到左边角的上方，轻轻按压黏合固定。

5. 把花瓣放在干佩斯底座的外边缘，每放一片花瓣都要与之前的重叠。如果你没办法用手指来安放花瓣，那么颜料刷的末端就是固定花瓣的好工具。放置好 5 片花瓣后，干佩斯的外缘就会完全被盖住。

6. 重复步骤 4 和 5，将剩下的 4 个直径 4 厘米的大花瓣安放在已经排列好的花瓣内边缘。然后对直径 3 厘米的花瓣和直径 2.5 厘米的花瓣进行同样的处理，直到完成花朵的制作。

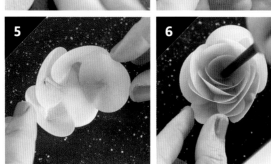

基础花型
风车花 *Pinwheel*

"风车花"在自然界并不存在，它是扇子状的花朵，加上一些独特又有趣的图案，非常易于制作。

你需要

- 白色干佩斯
- 尺子
- 铅笔
- AD-00 糯米纸（根据需要选择颜色）
- 平头毛刷
- 剪刀
- 饰胶

1. 首先给你的风车花做一个底座，将一小块白色的干佩斯按压成直径约 2.5 厘米、厚度约 5 毫米的碟子状，放置一旁备用。

2. 用尺子和铅笔标出两条糯米纸条，每条宽 3 厘米、长 22 厘米。将两条纸条剪下。

3. 用手指握住一条糯米纸条，以 5 毫米为单位来回折叠成手风琴状。第二条糯米纸条也同样处理。

4. 接下来，在干佩斯底座的表面涂满饰胶，将半个扇面按压在底面上，用力压紧。

5. 重复步骤 4，折好第二个扇面，形成一个完整的圆，确保其紧紧地压在风车的中心，使两个扇面完整地粘在干佩斯底座上。

6. 你可以在风车花上加上一些装饰品，如珍珠或糖球，用饰胶粘在花朵的中心位置。

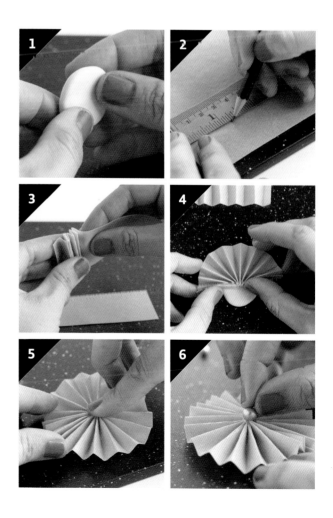

玫 瑰
花园玫瑰 *Garden Rose*

柔软、雅致、浪漫——花园玫瑰散发着永恒的魅力。

你需要

- AD-0 糯米纸
- 直径 4 厘米、4.5 厘米、5 厘米和 6.5 厘米的圆形打孔器
- 剪刀
- 直径 4 厘米、4.5 厘米、5 厘米和 6 厘米的圆形硅胶模具
- 糯米纸塑形剂
- 水
- 直径 4 厘米的实心泡沫球，粘有绿色花艺铁丝
- 浅虾红色花瓣粉
- 颜料刷

1. 用圆形打孔器制作出 8 片直径 4 厘米的花瓣，7 片直径 4.5 厘米的花瓣，直径 5 厘米的花瓣和直径 6.5 厘米的花瓣各 5 片。将每一片花瓣的 1/4 周长用剪刀剪出不规则边缘。

2. 将直径 4 厘米的花瓣翻面（粗糙的一面朝上），轻轻喷上糯米纸塑形剂，让塑形剂渗透进花瓣里。当花瓣变得柔韧之后，将粗糙的一面朝上放入一个圆形模具中，模具的直径与花瓣的直径相同。让修剪过的花瓣一侧高于模具边缘上方 3~5 毫米，其余部分向下压制成一片碗状的花瓣，从模具中取出。对所有的花瓣重复以上步骤。

3. 花瓣全部变成碗状后，开始组装花朵。拿出带有铁丝的泡沫球，取两片直径 4 厘米的花瓣从两边包住它。两片花瓣的边缘应该在顶端相遇，并完全盖住泡沫球。用少量水将花瓣黏附到泡沫球上。

4. 重复步骤 3，再取两片直径 4 厘米的花瓣，这次它们的位置要与先前花瓣的接缝处重叠，将接缝遮住，并在花朵顶部留下一个小间隙。用少量水将花瓣固定住。

5. 接下来，再粘两层直径 4 厘米的花瓣，每层都需盖住前一层花瓣形成的接缝。在玫瑰花底部用少量水将花瓣固定。

6. 继续用 3 片直径 4.5 厘米的花瓣粘一层，然后再用 4 片同规格的花瓣粘一层。根据需要加水固定花瓣。

7. 用 5 片直径 5 厘米的花瓣加粘一层。这时将花苞倒来底部朝上粘花瓣会更方便，有助于防止花瓣过于下垂。

8. 这一层粘好后，围绕花朵粘上最后 5 片直径 6.5 厘米的花瓣，确保与先前一层花瓣的接缝处重叠。在花瓣的底部继续抹一点水，以保证花瓣粘得更加牢固。全部组装好之后，将花倒置干燥 12~24 个小时。

9. 待糯米纸花完全干透后，用颜料刷蘸取浅虾红色花瓣粉，轻轻抹到花瓣外缘，突出花瓣的造型。

10. 越往花心处，花瓣粉的量要越多，使花瓣的颜色加深。

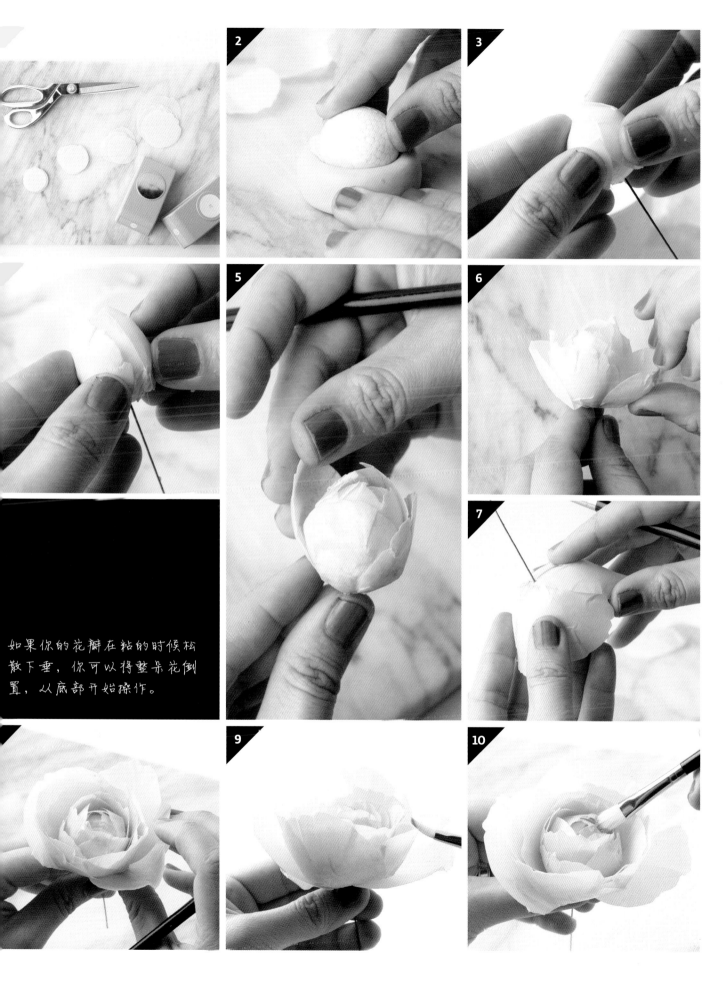

如果你的花瓣在粘的时候松散下垂，你可以将整朵花倒置，从底部开始操作。

玫瑰

标准玫瑰 *Standard Rose*

标准玫瑰是所有玫瑰花型中最常见、辨识度最高的一种。它是设计中最经常用到的一种花。

你需要

- AD-0 糯米纸
- 直径 4 厘米、4.5 厘米和 5 厘米的圆形打孔器
- 剪刀
- 糯米纸塑形剂
- 直径 2 厘米、高 2.5 厘米的蛋形泡沫球，带有绿色花艺铁丝
- 颜料刷
- 水
- 粉色花瓣粉

1. 用圆形打孔器制作出 12 片直径 4 厘米的花瓣，6 片直径 4.5 厘米的花瓣和 9 片直径 5 厘米的花瓣。将每一片花瓣的 1/4 周长用剪刀剪出不规则边缘。从波浪状边缘正对着的一侧中间剪开约 1 厘米长的剪口。你可以把多个花瓣叠在一起剪。

2. 将所有修剪好的直径 4 厘米的花瓣翻面（粗糙的一面朝上），轻轻喷上糯米纸塑形剂。等待 60~90 秒，让塑形剂渗透进花瓣里，使其变得柔韧。然后一个一个将它们拿起，光滑的一面面向你，向外卷曲修剪过的边缘，做出一个尖端。

3. 接下来取 3 片直径 4 厘米的花瓣，卷曲的一面对着蛋形的泡沫球，紧紧围绕着泡沫球相互重叠，覆盖住整个蛋形球的顶部。在花瓣的外层涂少量水，把花瓣粘在泡沫球上。

4. 中心花瓣固定好之后，再粘 3 层直径 4 厘米的花瓣，每层 3 片花瓣。把它们包在先前做好的花瓣外层，包每片花瓣时都需用少量水粘好。

5. 所有直径 4 厘米的花瓣都粘好后，将花朵放置一旁。将所有修剪好的直径 4.5 厘米的花瓣翻面（粗糙的一面朝上），轻轻喷上糯米纸塑形剂。等待 60~90 秒，让塑形剂渗透进花瓣里，使其变得柔韧，然后开始将它们粘在花上。先制作两层花瓣，每层 3 片。放置花瓣时，请确保光滑的一面朝内，并且需覆盖住前一层花瓣的接缝。在花瓣底部用少量水将花瓣粘牢。注意，这些花瓣看起来比直径 4 厘米的花瓣要更绽开一些，因为它们的边缘不是卷曲的。

如果你的花瓣在粘的时候松散下垂，你可以将整朵花倒置，从底部开始操作。

6. 取直径 5 厘米的花瓣，将它们全部翻面，轻轻喷上糯米纸塑形剂，等待 60~90 秒，让塑形剂渗透进花瓣里。然后把花瓣光滑的一面朝向花朵的内部，重叠前面一层花瓣的接缝并用水固定住，贴 3 层花瓣，每层 3 片，最后将其倒置干燥 12~24 个小时。

7. 糯米纸花完全干透后，用颜料刷蘸取少量粉色花瓣粉，轻轻扫到花瓣外缘。

8. 越往花心处，花瓣粉的量越多，使花瓣的颜色加深。

玫 瑰

奥斯汀玫瑰
David Austin Rose

奥斯汀玫瑰的花瓣结构很有特色，它是一种在制作和应用设计中都能给人留下深刻印象的花。制作这款花看起来很有挑战性，但实际上很简单。

你需要

- AD-0 糯米纸
- 直径 2.5 厘米、3 厘米、4 厘米、4.5 厘米、6.5 厘米和 7.5 厘米的圆形打孔器
- 剪刀
- 糯米纸塑形剂
- 直径 2.5 厘米、3 厘米、4 厘米、4.5 厘米、6.5 厘米和 7.5 厘米的圆形硅胶模具
- 5 根绿色花艺铁丝，15 厘米长
- 水
- 绿色花艺胶带
- 颜料刷
- 紫红色花瓣粉

1. 用圆形打孔器制作出以下尺寸的花瓣各 10 片：直径 2.5 厘米、3 厘米、4 厘米、4.5 厘米、6.5 厘米和 7.5 厘米。用剪刀将花瓣的边缘修剪成波浪形，每片花瓣大约修剪周长的 1/3。

2. 然后在所有直径 2.5 厘米的花瓣的反面（粗糙的一面朝上），轻轻喷上糯米纸塑形剂。等待 60~90 秒，让塑形剂渗透进花瓣里，使其变得柔韧。处理完毕后一片片处理花瓣，粗糙的一面朝上放入相应尺寸的圆形模具中，按压成碗状花瓣。对所有的花瓣重复以上步骤。

3. 待花瓣全部变成碗状后，取一根花艺铁丝，蘸水，将一片直径 2.5 厘米的花瓣粘在它的一端，铁丝的顶端大约在花瓣的 1/3 处。用手按压花瓣的底部使其能够牢牢地黏附在铁丝上。

4. 再粘一片直径 2.5 厘米的花瓣，之后再分别粘直径 3 厘米、4 厘米的花瓣各两片，将它们一片一片地包住先前的花瓣，朝向一致，并在底部用少量水固定。每次粘完，都用手指捏一捏底部，以确保它们牢固地粘在一起。

5. 接下来取两片直径 4.5 厘米的花瓣，把它们放在花瓣中心的两边，从两边夹住。重复步骤 3~5，制作出 5 个花心结构，放置一边干燥 2~3 小时。

6. 花心结构干燥好之后，将所有 5 个花心聚在一起，用绿色的花艺胶带捆扎起来。将胶带一直卷到最后，覆盖所有的铁丝。

7. 围绕新做好的组合花心周围，粘两层直径 6.5 厘米的花瓣，每层 5 片花瓣，在花瓣底部涂少量水粘牢。重复这一步骤，再粘两层直径 7.5 厘米的花瓣。所有花瓣都粘好后，把花倒置干燥 12~24 个小时。

8. 待糯米纸花完全干透后，用颜料刷蘸取少量紫红色花瓣粉，轻轻扫到花瓣外缘。越往花心处，花瓣粉的量要越多，突出花心处。

如果花朵组装好之后你发现
有较大的空隙或裂缝，可以
用打孔器制作出几片花瓣，
塑形之后小心地添加到空隙
处，用水加固。

花毛茛
Ranunculus

花毛茛因其类似玫瑰的结构而为人所熟知，但它不同于玫瑰的是，它的大量花瓣都是呈同轴圆状排列的。如果你想寻找一种现代又不流俗的花型，那选它就没错。它是制作浪漫风格蛋糕的完美选择：如婚礼蛋糕、周年纪念蛋糕或生日蛋糕。这种花不管是单独展示还是跟其他花组合展示，都非常吸引人，你会发现它是糯米纸装饰中的全能型选手。

你需要

- 宽 1 厘米的平头毛刷
- 直径 2.5 厘米的实心泡沫球
- 绿色花艺铁丝，15 厘米长
- 热胶枪
- 直径 2.5 厘米、3 厘米、4 厘米和 5 厘米的圆形打孔器
- 2 张 AD-00 糯米纸
- 糯米纸塑形剂

- 直径 2 厘米、2.5 厘米、3 厘米和 4 厘米的圆形硅胶模具
- 水
- 绿色花艺胶带
- 2 把宽 0.5 厘米的半头刷
- 苔藓绿色、粉色花瓣粉

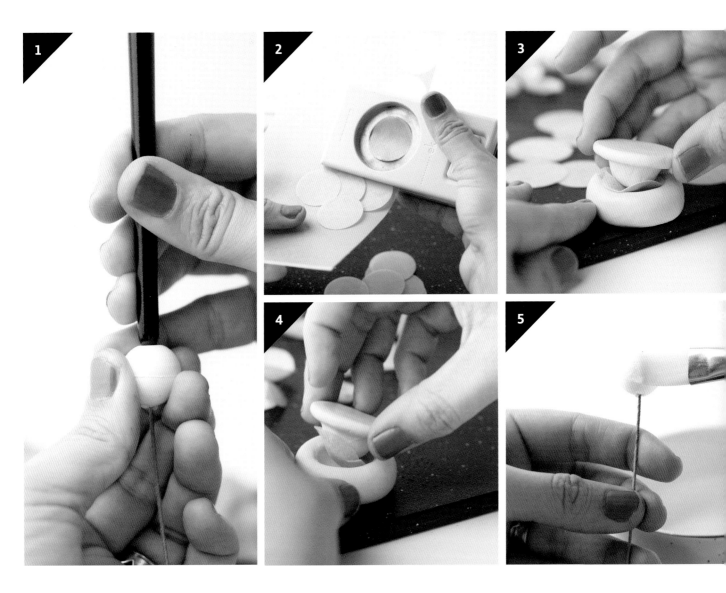

1. 首先来制作花毛茛的花心：用热胶枪将花艺铁丝粘到泡沫球上。胶水干燥后，用毛刷的尾部使劲按压小球的顶端中心位置，制造出一个压痕。

2. 用圆形打孔器制作出以下尺寸的花瓣各 20 片（一共 60 片）：直径 2.5 厘米、3 厘米和 4 厘米。然后再制作出直径 5 厘米的花瓣 10 片。在所有直径 2.5 厘米的花瓣反面（粗糙的一面朝上），轻轻喷上糯米纸塑形剂。等待反面 60~90 秒，让塑形剂渗透进花瓣里。

3. 将直径 2.5 厘米的花瓣处理好后，用直径 2 厘米的圆形硅胶模具将它们塑形。取一片花瓣，粗糙的一面朝上，放在模子的底部和上半部之间，然后用力压，将花瓣制成碗状，取出制好的花瓣，再继续制作剩余的花瓣。

4. 对所有剩余的花瓣重复步骤 3 和 4，直径 3 厘米的花瓣使用直径 2.5 厘米的模具，直径 4 厘米的花瓣使用直径 3 厘米的模具，直径 5 厘米的花瓣使用直径 4 厘米的模具。

5. 在花毛茛花心的泡沫球中心涂少量水。

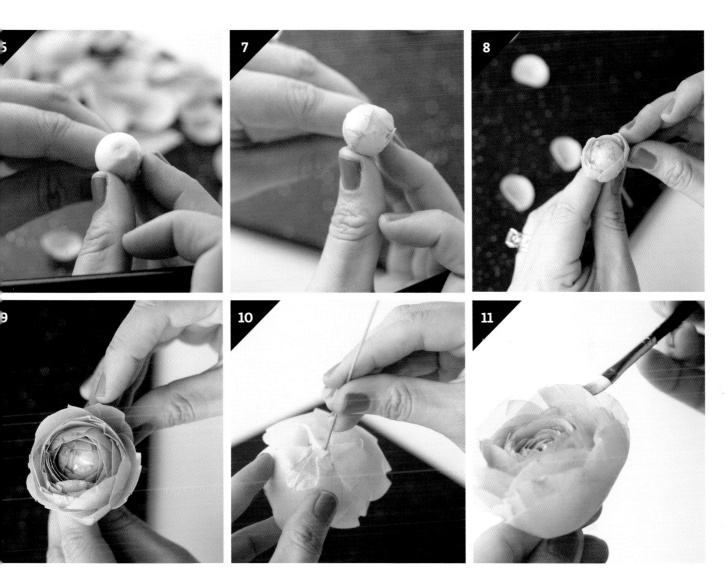

6. 从直径 2.5 厘米的碗状花瓣开始，将花瓣边缘定位在泡沫球压痕的中部，通过这种方法将花瓣黏附在泡沫球中心的位置。在花瓣底部涂少量水固定。

7. 重复步骤 6，增加 2 片花瓣，每片花瓣彼此重叠。3 片花瓣应该覆盖住泡沫球的表面，在球的顶部形成一个三角形，在中心处应该仍然依稀可见小凹痕。

8. 继续黏直径 2.5 厘米的花瓣，每片花瓣之间重叠，并在每片花瓣的底部涂少量水固定。

9. 待所有直径 2.5 厘米的花瓣用完后，重复步骤 8，粘上所有直径 3 厘米的花瓣，然后粘直径 4 厘米的花瓣。

10. 接下来在直径 5 厘米的花瓣底部涂少量水，确保花瓣的底部边缘贴在铁丝上，包住所有的泡沫球。所有的花瓣都贴好后，把花倒置干燥 2~3 小时，直至牢固。

11. 当花瓣完全干燥且摸起来很牢固后，用宽度为 0.5 厘米的平头刷蘸取少量苔藓绿色花瓣粉涂抹花心处，然后用另一把平头刷蘸取少量粉色花瓣粉，轻轻扫到花瓣边缘，达到增强的效果。

芍药
Peony

作为最受欢迎的婚礼花朵之一，芍药在蛋糕装饰届也一直占有一席之地。用糯米纸复制这种经久不衰的花型可以让设计者们体验这种花朵的轻盈、柔软，却又不致损害那为人所熟知的经典造型。

你需要

- 浅绿色干佩斯
- 泰勒士胶
- 3 根直径约 0.7 毫米的绿色花艺铁丝，12.5 厘米长
- 翻糖工艺刀
- 泡沫板
- AD-0 糯米纸
- 剪刀
- 压花轮
- 糯米纸塑形剂
- 直径 5 厘米的球形硅胶模具
- 40 根直径约 0.3 毫米的白色花艺铁丝，12.5 厘米长
- 一碗水
- 一束绢花用仿真雄蕊
- 苔藓绿色、黄色、杏黄色花瓣粉
- 平头刷
- 绿色花艺胶带

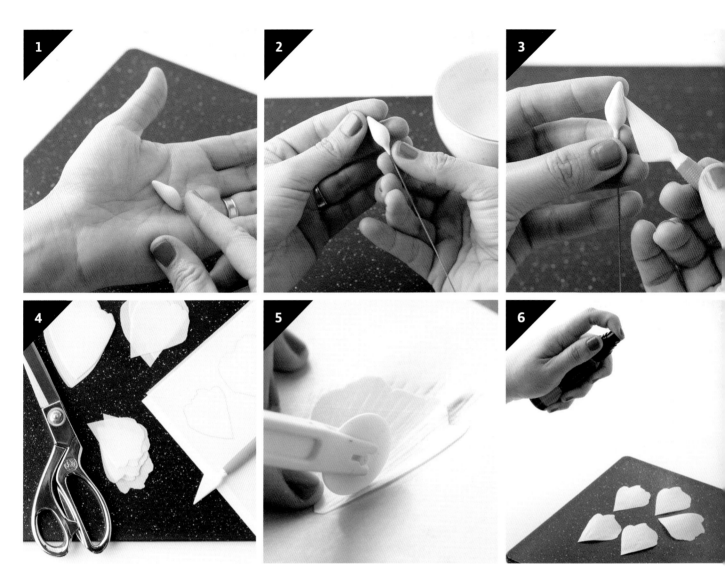

1. 取一小块浅绿色干佩斯放在手掌和手指之间揉搓塑形，揉成约 1 厘米长的水滴形，制作雌蕊。

2. 取一根绿色花艺铁丝，一端蘸取少量泰勒士胶，将它插入水滴形干佩斯较宽的圆头一端。用力捏紧，使干佩斯和铁丝的连接处平滑过渡。

3. 接下来用翻糖工艺刀沿着干佩斯雌蕊从上到下划 3 道刻痕，刻痕间的距离要相等。将铁丝插到泡沫板上，有雌蕊的一端朝上，静置干燥。重复上述步骤，制作出余下的 2 个雌蕊，3 个做好的雌蕊要至少干燥 24 个小时。

4. 将糯米纸蒙在芍药模板（参见 P124）上制作花瓣。用翻糖工艺刀沿着模板的形状在糯米纸上留下印痕，然后用剪刀剪出小号和中号的花瓣各 15 片，大号花瓣 10 片。

5. 将所有花瓣都剪好后，在花瓣底下垫一张糯米纸，用压花轮在花瓣上轻柔滚动，自花瓣底端到花瓣顶端，呈扇形压出脉络。

6. 每 5 片花瓣一组，分批次处理，将划上脉络的一面朝下放在工作台上，轻轻喷上糯米纸塑形剂。

7. 等待 60~90 秒,让塑形剂渗透进花瓣里,使其变得柔韧。然后一片片处理花瓣,划上脉络的一面朝上放入直径 5 厘米的球形模具中,按压成碗状的花瓣。对所有的花瓣重复步骤 6 和 7。

8. 将白色花艺铁丝的顶端约 4 厘米的部分浸入装有水的碗中。取出擦掉多余的水后迅速粘在花瓣的背面。用手按压塑形,使其弯曲,适应花瓣的弧度。然后将铁丝插到泡沫板上,静置干燥 1~2 小时。

9. 在花瓣干燥时,用花瓣粉给雌蕊上色。取少量苔藓绿色花瓣粉从铁丝交界处绕着基底向上涂抹,然后取少量

黄色花瓣粉从顶端向下涂抹。通过这种方式,最后两种颜色会逐渐融合。你可以用同一把刷子刷这两种颜色。

10. 用绿色花艺胶带将 3 个雌蕊绑到一起,然后插入到绢花仿真雄蕊束中间。

11. 从最小的花瓣开始,将花瓣以花蕊束为中心组装起来。每一层花瓣粘 5 片。最终有 3 层小花瓣、3 层中花瓣和 2 层外层大花瓣。

12. 最后用平头刷蘸取少量杏黄色花瓣粉,轻轻扫到花瓣外缘,完成花朵的制作。

大丽花
Dahlia

大丽花是一种优美且万能的花卉，它的花瓣体积大且数量多，在装饰中能单独使用，也能与别的花卉组合作为主花型使用。

你需要

- AD-0 糯米纸
- 翻糖工艺刀
- 剪刀
- 压花轮
- 白色干佩斯
- 尺子
- 糯米纸塑形剂
- 水
- 颜料刷
- 桃红色、苔藓绿色花瓣粉

1. 将糯米纸蒙在大丽花模板（参见 P126）上制作花瓣。用翻糖工艺刀沿着模板的形状在糯米纸上留下印痕，然后用剪刀剪出迷你和小号的花瓣各 12 片，中号花瓣 16 片，大号花瓣 20 片。

2. 待所有花瓣都剪好后，在花瓣底下垫一张糯米纸，用压花轮在花瓣上纵向滚动几次，直至花瓣上布满清晰可见的脉络。

3. 接下来用白色干佩斯制成直径约 5 厘米、厚度约 3 毫米的圆形底座，静置一旁开始处理第一层花瓣。

4. 从 10 片最大的花瓣开始，将有脉络的一面朝下，轻轻喷上糯米纸塑形剂。在开始下一步骤之前，等待 60~90 秒，让塑形剂渗透进花瓣里。

5. 待糯米纸塑形剂充分渗透后，将花瓣一片片地按压在距圆形干佩斯圆心处 5 毫米的位置。在放置花瓣的时候，轻轻捏住卷一卷，可以在塑形的同时使其粘得更牢固。如果有必要的话，可以用一点水来粘住花瓣。

6. 当放置好所有 10 片大号花瓣后，它们会紧密地刚好形成一个圆，只在中间形成一个可见的空隙。

7. 对剩余的 10 片大号花瓣重复步骤 4~5，在将它们放置在干佩斯上时，位置要正对着第一层花瓣的缝隙处，与第一排交错放置。

8. 然后将 16 片中号花瓣放置在操作台上，有脉络的一面朝下，轻轻喷上糯米纸塑形剂。等待 60~90 秒，让塑形剂渗透进花瓣里。捏住两侧向中心卷一卷进行塑形，再沿着上一层花瓣之间的缝隙组装好花瓣。共组装两层，每层 8 片。

9. 对 12 片小号花瓣重复步骤 8。这些花瓣要组装成两层，每层 6 片。

10. 将小号花瓣安装好后，对 12 片迷你花瓣重复步骤 8。这里有一个小技巧，如果花瓣把花心处填满了，可以用颜料刷的尾端辅助固定花瓣。整朵花组装好后放到一边，干燥 24 小时。

11. 整朵花干燥好后，用刷子蘸取少量桃红色花瓣粉，刷到外缘花瓣的底部。

12. 将少量苔藓绿色花瓣粉刷到花心处，完成大丽花的制作。

银莲花
Anemone

银莲花的花心是深黑色的，花瓣是雅致的白色，很适合给温柔传统的设计增添一些现代元素。

你需要

- 黑色干佩斯
- 直径约 1.2 毫米的绿色花艺铁丝，12.5 厘米长
- 泰勒士胶或 CMC 胶
- 黑色装饰用纤维线
- 绿色花艺胶带
- 剪刀
- 普通凝胶粉

- 黑色花瓣粉
- 平头刷
- 铅笔
- AD-0 糯米纸
- 压花轮
- 8 根直径约 0.3 毫米的白色花艺铁丝，12.5 厘米长
- 一碗水

1. 取一个黑色干佩斯小球，用手掌揉成直径约1厘米的水滴形，制作成银莲花的花心。做好后将绿色花艺铁丝的一端蘸取少量泰勒士胶或 CMC 胶，将浸有胶水的一端插入水滴形干佩斯较窄的尖头。把铁丝向上滑动，一直插入宽的那一头，但不要插入太长，以免刺穿顶部。用指尖将干佩斯底部捏紧，使干佩斯和铁丝的连接处平滑无缝过渡。

2. 用手指给干佩斯顶端塑形，做出一个小圆尖顶，类似于蘑菇的顶端。放置一边干燥24小时。

3. 将黑色装饰用纤维线绕着4根手指缠绕约150圈，制作一个密集的线圈。

4. 将线圈从手上取下来，然后用绿色花艺胶带松松地绑在线圈约2/3处，形成上部一个大环，底部一个小环。用剪刀把底部（较小的）环剪开，然后将干佩斯从上面大环处插入再从底部拉出，安装好。干佩斯花心要放置在中间位置，底部铁丝隐藏在线中，再用绿色花艺胶带将它们紧紧固定在一起。完成后，用剪刀剪开顶部的大环，并修剪至与干佩斯花心齐平。

5. 将两汤匙凝胶粉和一茶匙黑色花瓣粉混合，直到颜色混合均匀。用蘸水的平头刷把线头弄湿。线头湿透后，把它们轻轻地浸入凝胶混合物中。你会看到当凝胶与线头接触时，会开始微微膨胀，看起来像花粉的样子。

因黑色花瓣粉的品牌不同，你可能需要添加更多的量以调和成黑色，但凝胶粉与花瓣粉的比例一定不要超过1:1。

6. 把一张白色 AD-0 糯米纸蒙在银莲花模板上（参见 P125），描摹并剪出大、小花瓣各 4 片和 8 个背部固定条。

7. 将花瓣一片片单独放置到一张糯米纸上，然后从花瓣底部开始，滚动压花轮至花瓣上边缘，制作出叶脉的纹路，直到纹路布满整片花瓣。重复这一步骤给全部 8 片花瓣压上纹路。

8. 将花瓣有纹路的一面朝下放置。取一根白色花艺铁丝，将一端长 2.5~4 厘米的部分浸入一个装满水的浅碗中，然后迅速拿出，将湿润的一端安装到一片花瓣上，同时在背面贴上一个背部固定条，将铁丝包住。铁丝顶点的位置大约超过花瓣茎的 5 毫米处。捏住连接处静置几秒钟，使水充分浸入背部固定条，然后放置一旁干燥 20~30 分钟。重

复以上步骤处理剩下的 7 片花瓣。

9. 待所有花瓣都干燥完毕之后，用手捏住花瓣，将底部花茎处向下弯折，直到与花瓣成 90° 角。对每片花瓣重复这一操作。

10. 从小花瓣开始，将其放置在银莲花花心的底端，用绿色花艺胶带固定，然后继续放置剩余的 3 片小花瓣，每次加入一片花瓣时都要轻轻调整位置，使它们彼此重叠。

11. 待所有小花瓣组装好后，再将 4 片大花瓣依次重叠安装在小花瓣的外围，花瓣的位置要正对小花瓣之间的缝隙处。组装完毕后要将花艺胶带一直向下缠绕到底部，掩盖住铁丝。

虞美人
Corn Poppy

可用于装饰的花朵形态各异。本节特别介绍的虞美人是一种具有极强装饰性的花卉，它的花瓣柔弱，花心充满生气。

你需要

- 浅绿色干佩斯
- 美工刀
- 直径约 0.9 毫米的绿色花艺铁丝，12.5 厘米长
- 泰勒士胶或 CMC 胶
- 泡沫板
- 白色装饰用纤维线
- 绿色花艺胶带
- 剪刀
- 平头刷

- 苔藓绿色、紫红色花瓣粉
- 纸巾
- AD-0 糯米纸
- 铅笔
- 糯米纸塑形剂，装入喷雾瓶内
- 直径 5 厘米的蛋形泡沫球
- 4 根直径约 0.3 毫米的白色花艺铁丝，12.5 厘米长
- 一碗水
- 糖果色素调配液（flo-coat）

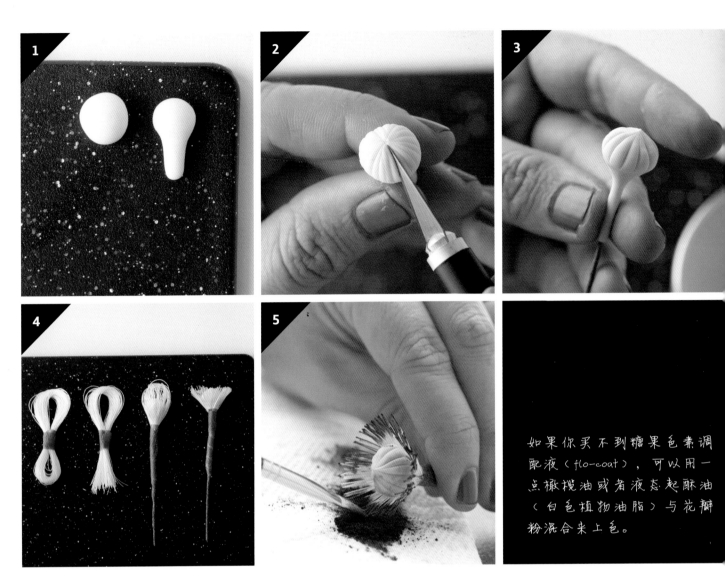

1. 取一个浅绿色干佩斯小球，用手指在手掌中揉成灯泡形。

2. 用美工刀的尖端在干佩斯球的顶端中心按压，做出纵向的直压痕，重复多次，使灯泡形干佩斯上端布满压痕。

3. 将绿色花艺铁丝的一端蘸取少量泰勒士胶或CMC胶，将浸有胶水的一端插入灯泡形干佩斯较窄的一头。把铁丝向上滑动，插入干佩斯较宽的那一头，但不要插入太长，以免刺穿顶部。用指尖将干佩斯底部捏长、捏紧，用以固定。将铁丝插到泡沫板上干燥24小时。

4. 制作雄蕊：将白色装饰用纤维线绕着4根手指缠绕约75圈，轻轻将线圈从手上取下来，然后用绿色花艺胶带松松地绑在线圈中央。用剪刀把底部的环剪开，然后将干佩斯从上面大环处插入再从底部拉出，安装好。用绿色花艺胶带从灯泡状干佩斯底部开始将剪开的线圈和铁丝紧紧固定在一起，一直缠绕到铁丝底部。最后用剪刀剪开顶部的线圈，并修剪至与干佩斯花心齐平。

5. 将少许苔藓绿色花瓣粉涂到花心上，再取大量紫红色花瓣粉涂在雄蕊的顶端，覆盖大部分白色纤维线。以上步骤需在纸巾上操作。你可能会将紫红色花瓣粉沾到绿色的花心上，不要在意。将花心放置一旁开始制作花瓣。

如果你买不到糖果色素调配液（flo-coat），可以用一点橄榄油或者液态起酥油（白色植物油脂）与花瓣粉混合来上色。

6. 把糯米纸蒙在虞美人模板上（参见 P124），用铅笔描摹出形状。剪出 4 片花瓣和 4 个背部固定条。

7. 将 4 片花瓣粗糙的一面朝上，轻轻喷上糯米纸塑形剂。等待 60~90 秒，让塑形剂渗透进花瓣里。然后拿起一片花瓣放在手掌中，使光滑的一面朝上。手心呈碗状，用直径 5 厘米的泡沫球按压花瓣的中部进行塑形，完成后放置一旁待用。用同样的方式处理剩余的 3 片花瓣。

8. 取一根白色花艺铁丝，将一端浸入一个有水的碗中，用泡沫球作为固定物，将花瓣凸起的一面朝上，把湿润的铁丝贴到花瓣背面，并立刻贴上一个背部固定条，将铁丝包住。紧紧按压使各部分粘牢，然后放置一旁干燥。

重复以上步骤处理剩下的 3 片花瓣。

9. 待所有花瓣都完全干燥后，将紫红色花瓣粉和糖果色素调配液混合，用小刷子蘸取混合液刷在花瓣内部，从底部向上刷。刷好后放置一旁干燥。对每片花瓣重复这一操作。

10. 下面开始组装花瓣。先拿两片干燥好的花瓣相对放置在花心两边，用绿色花艺胶带加以固定。

11. 然后继续放置剩余的 2 片花瓣，这对花瓣也是两两相对，并要填满之前两片花瓣的缝隙。缠绕花艺胶带固定并将胶带一直向下缠绕到底部，直至完全掩盖住铁丝。

三角梅
Bougainvillea

三角梅是一种有活力的美丽热带花卉，由于它亮丽夺目、充满自然气息，因此广泛应用于现今的婚庆行业。这种花做起来比较简单迅速，可以大批量制作并应用于蛋糕装饰中，不管是多层蛋糕还是分层蛋糕都适用。

你需要

- 亮粉色 AD-4 糯米纸
- 铅笔
- 尺子
- 剪刀
- 压花轮

- 3 根直径约 0.3 毫米的绿色花艺铁丝，10 厘米长
- 一碗水
- 绿色花艺胶带

1. 将糯米纸蒙在三角梅模板上（参见 P124），描摹并剪出 3 片花瓣。

2. 用一把尺子和一支铅笔标记、制作出 3 条宽 1 厘米、长 7.5 厘米的糯米纸条，放置一旁备用。

3. 将花瓣一片片单独放置到方形的糯米纸上，从花瓣底部开始，滚动压花轮至花瓣上边缘，制作出叶脉的纹路，至铺满整片花瓣。

4. 接下来制作花蕊，从雄蕊开始，取一根绿色花艺铁丝，将一端约 4 厘米长的部分浸入一个装满水的浅碗中，然后拿出迅速放置到步骤 2 制作出的糯米纸条上，位置占糯米纸条的一半。折叠糯米纸条的另一半，使纸条对折，使劲按压让糯米纸条将铁丝包住。

5. 从花蕊顶部开始折叠两次，在顶端形成一个小圆球。

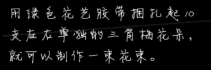

用绿色花艺胶带捆扎起10
支左右单独的三角梅花朵，
就可以制作一束花束。

6. 将花瓣有纹理的一面朝上，把花蕊放置到花瓣下端，
按压使两者黏合在一起。
制作好后放置一旁，并重复步骤 4~6，制作出剩余两片
花瓣。把所有花瓣静置 30 分钟用于干燥。

7. 待所有粘有雄蕊的花瓣干透后，用绿色花艺胶带将它
们组装起来。先从 2 片花瓣开始，在底部铁丝茎上缠绕
两圈粘牢，然后加入第 3 片花瓣，用手轻轻捏住第 3 片
花瓣的两端，调整好位置后用花艺胶带一直缠绕到铁丝
底部，加固的同时隐藏住花艺铁丝。

叶 子

带种子的尤加利树
Seeded Eucalyptus

带种子的尤加利树制作起来比其他绿叶类植物更耗时一些，但是它在装饰中栩栩如生的表现力值得我们花时间来完成。

你需要

- 白色干佩斯
- 75 根直径约 0.3 毫米的白色花艺铁丝，10 厘米长
- 泰勒士胶
- 两片浅绿色 AD-0 糯米纸
- 翻糖工艺刀
- 剪刀
- 水
- 白色花艺胶带

- 颜料刷
- 25 根直径约 0.3 毫米的绿色花艺铁丝，10 厘米长
- 纸巾
- 叶绿色、巧克力色和黑巧克力色花瓣粉
- 直径约 0.7 毫米的绿色或白色花艺铁丝，30厘米长

1. 用手指在手掌上揉制一小块白色干佩斯，揉成一个小小的水滴状，直径约 1 厘米。

2. 取一根白色花艺铁丝，在其一端抹一些泰勒士胶，然后快速插入水滴状干佩斯较圆的那一端，放置一旁干燥。重复步骤 1 和 2，制作出 75 个种子。种子制好后需干燥 24 小时，确保粘牢。

3. 待种子干透后，拿出一张糯米纸，蒙在带种子的尤加利树叶子模板上（参见 P126），用翻糖工艺刀刀片的一端在纸上刻上压痕。在这张糯米纸上制作出 25 片叶子的轮廓，然后再取一张糯米纸与其重叠，粗糙的一面相对，

用剪刀沿着压痕剪出叶子的形状。

4. 拿起一对糯米纸叶子，在其中一片的粗糙一面薄薄地抹上一层水，迅速将一根绿色花艺铁丝粘到叶子上，位置位于叶子中间，距叶子顶端约 5 毫米处。按压上另一片叶子，将两片叶子及铁丝黏合在一起，确保绿色的一面朝上。紧紧按压整片叶子，使两边紧密黏合，放置一旁干燥。注意叶子在干燥的时候，可能会发生自然弯曲。用这种方式制作出 25 片双面的叶子。

5. 在纸巾上按照 3:1 的比例混合叶绿色和巧克力色的花瓣粉。取 6 或 7 颗干佩斯种子作为一组，从种子底部跟铁丝的交接处开始，自下而上用刷子轻柔扫上混合的花瓣粉，整颗种子上都要布满颜色。重复这一步骤，直到 75 颗种子都涂好颜色。

6. 种子上色完毕后，以 5 颗种子为一束进行组装。用白色花艺胶带将每束种子牢牢地绑在一起。

7. 接下来把叶子和种子用白色花艺胶带粘在直径约 0.7 毫米的白色或绿色花艺铁丝上。先将一束种子放在铁丝的顶端，向下缠绕花艺胶带同时继续无序地加入叶子和种子束，直到铁丝的 2/3 部分都被覆满。剩下的部分继续缠绕胶带，一直到达铁丝的底端。

8. 最后在成品的茎上拍上少量叶绿色、巧克力色和黑巧克力色花瓣粉。上色的时候沿着花茎将颜色混合，做出自然、斑驳的效果。

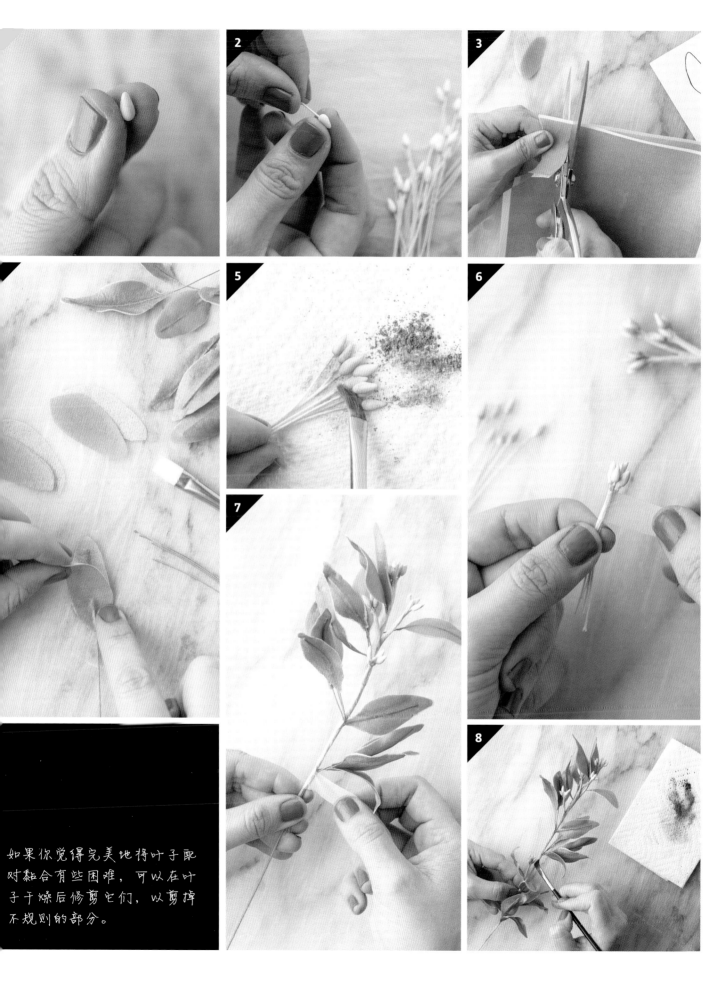

如果你觉得完美地将叶子配
对黏合有些困难，可以在叶
子干燥后修剪它们，以剪掉
不规则的部分。

叶子
圆叶尤加利树
Round Eucalyptus

圆叶尤加利树的叶子呈淡蓝绿色,有柔软的棕色茎,是一种美丽的叶类装饰元素。在装饰中,当需要呈现较为原始的风格或使用无序的结构时,可以使用它。它的茎由花艺铁丝组成,可以随意弯折或移动到蛋糕设计所需的最佳位置。

你需要

- 两张淡蓝色 AD-0 糯米纸
- 白色干佩斯
- 泰勒士胶
- 直径约 0.7 毫米的绿色花艺铁丝,30 厘米长
- 翻糖工艺刀
- 剪刀

- 水
- 颜料刷
- 60 根直径约 0.3 毫米的白色花艺铁丝,7.5 厘米长
- 白色花艺胶带
- 叶绿色、巧克力色和桃红色花瓣粉

1. 用手指在手掌上揉制一小块很小的白色干佩斯,揉成水滴状。

2. 在绿色花艺铁丝的一端抹一些泰勒士胶,擦掉多余的胶水,然后快速插入水滴状干佩斯较圆的那一端。放置一旁干燥 12~24 小时。

3. 取一张淡蓝色糯米纸,蒙在圆叶尤加利树模板上(参见 P127),用翻糖工艺刀刀片的一端在纸上刻上压痕。你一共需要制作迷你叶子和小号叶子各 10 片,中号和半中号叶子各 12 片,大号叶子 16 片。当所有叶子的轮廓都在

这张糯米纸上划好后,将这张糯米纸跟第二张糯米纸重叠,粗糙的一面相对,用剪刀沿着压痕剪出叶子的形状。剪的时候注意,两片叶子是成对剪下来的。

4. 一次只处理一片叶子,将两片叶子中的其中一片粗糙的一面朝上,用颜料刷涂上一层薄薄的水。在被浸湿的叶子中央放一根白色花艺铁丝,把另一片(干的)叶子直接覆在上面夹住铁丝,使铁丝固定在两片叶子之间。把叶子紧紧地压在一起,放在一边晾干。对剩下的叶子重复这一步骤。

5. 一旦装有铁丝的叶子干透,就可以开始用白色花艺胶带组装圆叶尤加利树了。从最小的叶子开始,取一片安装在干佩斯的底端,沿着叶子的铁丝缠绕一圈白色花艺胶带,然后在这片叶子相对的位置放一片相同大小的叶子。不断重复这一步骤,在铁丝上陆续加入叶子,叶子的规格要从小到大。每次加入一对叶子时,要注意它们的位置应该是对称、正相反的,但不需要直接放在前一对叶子的正下方。当所有的叶子都被固定在花茎上后,记得要一直往下缠绕胶带,直到花茎的底部。

6. 最后在花茎的白色花艺胶带上拍上少量叶绿色、巧克力色的混合花瓣粉。还要在水滴状干佩斯的顶部涂一点桃红色花瓣粉。

叶 子

柑橘叶 *Citrus Leaf*

柑橘叶颜色明亮、质地轻薄，运用于蛋糕设计中亮眼灵动。这款叶子可以大量制作并储存起来，以备以后使用。

你需要

- 白色 AD-4 糯米纸
- 翻糖工艺刀
- 剪刀
- 伏特加（或其他高酒精含量液体）
- 颜料刷
- 柠檬绿凝胶状色素
- 双面硅胶叶脉纹路模具
- 直径约 0.3 毫米的绿色花艺铁丝，12.5 厘米长

1. 将糯米纸蒙在柑橘叶模板上（参见 P124），用翻糖工艺刀刀片的一端在纸上刻上压痕。用剪刀沿着压痕剪出叶子的形状。

2. 将柠檬绿凝胶状色素和伏特加放入一个碗中混合，形成稀薄的混合物。

3. 从叶子的顶端开始，在两面自上而下刷上混合的色素。

4. 将糯米纸叶子直接放入硅胶叶脉纹路模具的底座上，然后用另一半模具紧紧压实。把叶子从模具中移开，放到一旁直至完全干燥。

5. 剪一小条约 3 毫米宽、6.5 厘米长的糯米纸条，在纸条上刷上薄薄一层混合色素，然后缠绕在绿色花艺铁丝的一端。

6. 待纸条缠好后，马上将铁丝安装在完全干燥的叶子的正中间位置，铁丝上纸条的底端要与叶子底部边缘重合。

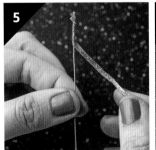

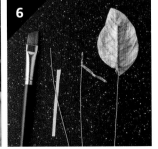

叶 子

玫瑰叶 *Rose Leaf*

玫瑰叶是一种美丽的用于填充的装饰品。它的颜色呈深宝石绿，可以弥补很多设计中颜色单一的缺憾，还能给整个设计带来自然的元素，不至于显得过于沉闷。它的特点是鲜活、轻薄，适用于各种设计。

你需要

- 2 张白色 AD-4 糯米纸
- 翻糖工艺刀
- 剪刀
- 伏特加（或其他高酒精含量液体）
- 森林绿和黑色的凝胶状色素
- 颜料刷
- 双面硅胶叶脉纹路模具
- 直径约 0.3 毫米的绿色花艺铁丝，10 厘米长

1. 取一张白色糯米纸蒙在玫瑰叶模板上（参见 P125），光滑的一面朝上，用翻糖工艺刀刀片的一端在纸上刻上压痕。再取一张糯米纸与其重叠，粗糙的一面相对，光滑的一面朝外，用剪刀沿着压痕成对剪出叶子的形状。

2. 将森林绿和黑色的凝胶状色素放入一个碗中，加少许伏特加混合，直到形成稀薄的混合物，但颜色依然保持着非常深的绿色。把混合色素轻轻刷到叶子光滑的一面，刷的时候从叶子顶端开始，由上到下上色。

3. 将上色完毕的糯米纸叶子有颜色的一面朝下，放入硅胶叶脉纹路模具的底座上，在叶子中间位置放置一根绿色花艺铁丝，铁丝的顶端距离叶子的顶点约 5 毫米，放上相对的另一片叶子，注意两片叶子要相吻合。

4. 用另一半模具将两片叶子紧紧压实，确保铁丝被紧紧包裹在叶子中间。把叶子从模具中移开然后放到一旁干燥。在晾干的过程中叶子的形状会有一点变化。重复以上步骤，制作出更多你需要的叶子。

叶子
蕨类植物 *Fern*

蕨类植物的枝条看起来很有趣，它在蛋糕装饰中有神奇的魔力。蕨类植物制作起来相对较容易，只需要用很少几枝，就能给设计增添一种野生植物的韵味。

你需要

- 2 张绿色 AD-4 糯米纸
- 翻糖工艺刀
- 剪刀
- 水
- 颜料刷
- 14 根直径约 0.3 毫米的绿色花艺铁丝，9 厘米长
- 直径约 0.7 毫米的白色花艺铁丝，35.5 厘米长
- 白色花艺胶带
- 纸巾
- 森林绿色和黑色的花瓣粉
- 玉米淀粉

1. 取一张糯米纸，有颜色的一面朝上，蒙在蕨类植物的叶子模板上（参见 P125），制作顶端的叶子，用翻糖工艺刀刀片的一端在纸上刻上压痕。用同一方式制作剩余 7 个型号的叶子各两片，一共 14 片。将画有叶子轮廓的糯米纸跟另一张糯米纸重叠，粗糙的一面相对，用剪刀沿着压痕剪出叶子的形状。注意两片相对的叶子为一组，以确保能够顺利组装。

2. 取一片顶叶，有颜色的一面朝下，白色粗糙的一面朝上。在整面叶子上薄薄涂一层水，然后在潮湿的叶子中间位置放置一根绿色花艺铁丝，小心调整并放上与之相对的另一片叶子，覆盖住铁丝。紧紧按压整片叶子，使两边紧密黏合，放置一旁干燥。重复这一步骤做出所有 14 片单个的叶子。

3. 叶子干燥好后，从叶子的底部开始，用剪刀沿着叶子的一侧每隔约 3 毫米剪出一个切口，剪到叶子顶部与花艺铁丝顶端平齐的位置为止。在叶子的另一侧剪出对称的缺口，但注意不要把叶子横向剪断。将顶叶和 14 片叶子都用这种方式进行处理。

4. 将顶叶和 14 片叶子的切口处都修剪成蕨类植物叶子的形状。

5. 将顶叶放在白色花艺铁丝的顶端，用白色花艺胶带缠紧固定。接下来加入两片最小的叶子，对称放置，缠绕胶带固定。继续向下缠绕胶带，并将叶子按照从小到大的顺序对称安装，每排叶子与上一排相距 1~2 厘米。当所有叶子安装好之后，一直往下缠绕胶带，直到将花艺铁丝全部包住。

6. 取 1/8 茶匙森林绿色花瓣粉放在一片纸巾上，再加入一点点黑色花瓣粉，混合均匀，然后混入少量玉米淀粉，直到混合物的颜色比叶子的颜色更暗一些。最后把颜色刷到绕满白色胶带的花茎上。

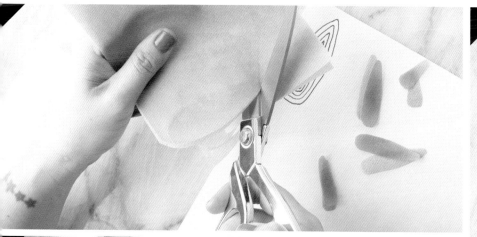

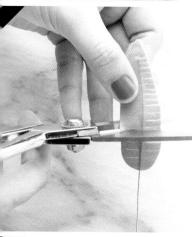

如果你没有可食用打印机（参见P8"上色和印花"部分），蕨类植物的叶子也可以用干花瓣粉上色法进行染色。在压痕及剪切之前，先将干的浅绿色花瓣粉扫在糯米纸上进行染色。

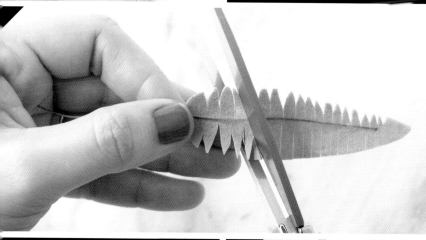

如果你制作了很多蕨类植物叶子，你可以在制作一些枝条时酌情减少叶子的数量，以做出不同大小的更自然的效果。

装饰物

Decorations

蝴蝶结 Bows

糯米纸蝴蝶结既可以雅致又可以俏皮，完美适用于大多数装饰中。它的结构允许你使用任何颜色、图案或花纹，又不会破坏成品的品质，尺寸也可大可小，在装饰时任意调节。

你需要

- AD-0 糯米纸，任选颜色或图案
- 剪刀
- 翻糖工艺刀
- 水
- 颜料刷

1. 将糯米纸蒙在蝴蝶结的模板上（参见 P123），用翻糖工艺刀刀片的一端在纸上刻上压痕，再用剪刀沿着压痕剪下。

2. 取出三部分中最大的一片——蝴蝶结的主体部分，使粗糙的一面朝上，在中间位置轻轻涂上薄薄一层水。

3. 将两端分别向中间折叠，两端在中间相遇后用颜料刷柄的末端按压浸湿的中间位置，用以固定。

4. 接下来将蝴蝶结尾部光滑的一面朝上，在中间位置涂上一点水。把之前处理好的主体部分放到尾部的上面，同样用颜料刷柄的末端按压中间位置固定。

5. 最后，将长条状的蝴蝶结中心部分光滑的一面朝上，绕着蝴蝶结中间部分缠绕一圈，并在蝴蝶结背部沾水固定。将最终成品放置一旁干燥。

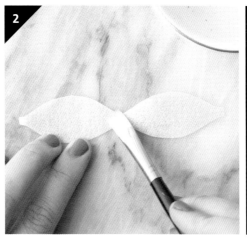

如果想要又快又简单地制作"礼品包装"式样的蛋糕，那么使用与你制作的蝴蝶结同样花色或颜色的糯米纸剪成长长的条状来装饰蛋糕，最后在顶端放上蝴蝶结即可。

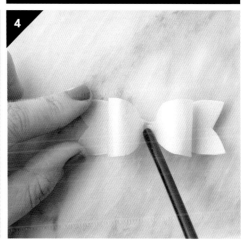

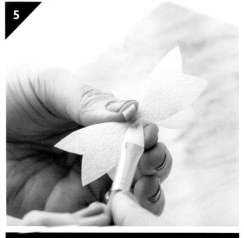

用于佩斯制作人物形象时，可以将这种蝴蝶结用于领结或发饰，能够使形象看起来更逼真。

花环 Wreath

这款俏皮的装饰适用于多种场合：试着用在节日主题蛋糕或者婚礼蛋糕中，可以在它周围用花朵围绕一圈。

你需要

- 直径约 0.7 毫米的白色花艺铁丝，30 厘米长
- AD-0 糯米纸，任选颜色或图案
- 白色花艺胶带
- 翻糖工艺刀
- 剪刀
- 水
- 颜料刷

1. 将白色花艺铁丝折成一个直径约 10 厘米的圆圈，这一步可以徒手完成，也可以将铁丝绕在圆形的物体上。用白色花艺胶带固定住铁丝两端连接处，放置一旁。

2. 剪两条糯米纸纸条，宽约 5 毫米、长约 28 厘米。在其中一条的粗糙面刷上一层水，马上将有水的一面朝下，围着铁丝环缠绕，绕满整个圆环。随着糯米纸不停地缠绕，你可能需要在纸条上加一些水。一条纸条绕完后紧接着绕第二条纸条，直到整个铁丝环全部绕满糯米纸。制好后将铁丝环放置一旁备用。

3. 将糯米纸蒙在花环的模板上（参见 P125），用翻糖工艺刀刀片的一端在纸上刻上压痕，再用剪刀沿着压痕剪下。用这一方法制作出约 45 片叶子。你可以使用不同图案或颜色的糯米纸，并且叶子的总数可多可少，并不固定，数量取决于你想把花环做得多茂盛。

4. 接下来轻轻折叠、弯曲叶子，使其形态更加立体。

5. 最后，用水将叶子粘到覆有糯米纸的铁丝环上，绕着铁丝环随便无序粘贴，直到将铁丝完全覆盖为止。

在制作花环的时候可以加入
一些干佩斯制成的装饰物，
如小浆果，给这一造型增加
一些趣味性。

五彩纸屑 *Confetti*

制作一个派对蛋糕最快速的方法就是使用一点或者一大堆五彩纸屑！只需要改变一下颜色和形状，可食用的糯米纸五彩纸屑就可以非常简单地融入任何派对氛围中。

你需要

- 深粉色、浅粉色、深绿色和金属银色 AD-0 糯米纸
- 六边形和小号圆形裁纸器
- 打孔器
- 迷你打孔器
- 糯米纸塑形剂，装在喷雾瓶中
- 颜料刷

1. 用各种裁纸器和打孔器，依照你需要的数量裁剪出不同颜色不同形状的糯米纸碎片。

2. 用一整张糯米纸纵向裁切出不同宽度的纸条。

3. 将所有所需数量的纸条裁切好，将它们粗糙的一面朝上，放置在工作台上，轻轻喷上一层糯米纸塑形剂，静置 60~90 秒钟，使塑形剂水完全渗透。

4. 待糯米纸条变得柔软后，绕着颜料刷的笔杆部分缠绕成螺旋状，然后轻轻取下自然晾干。

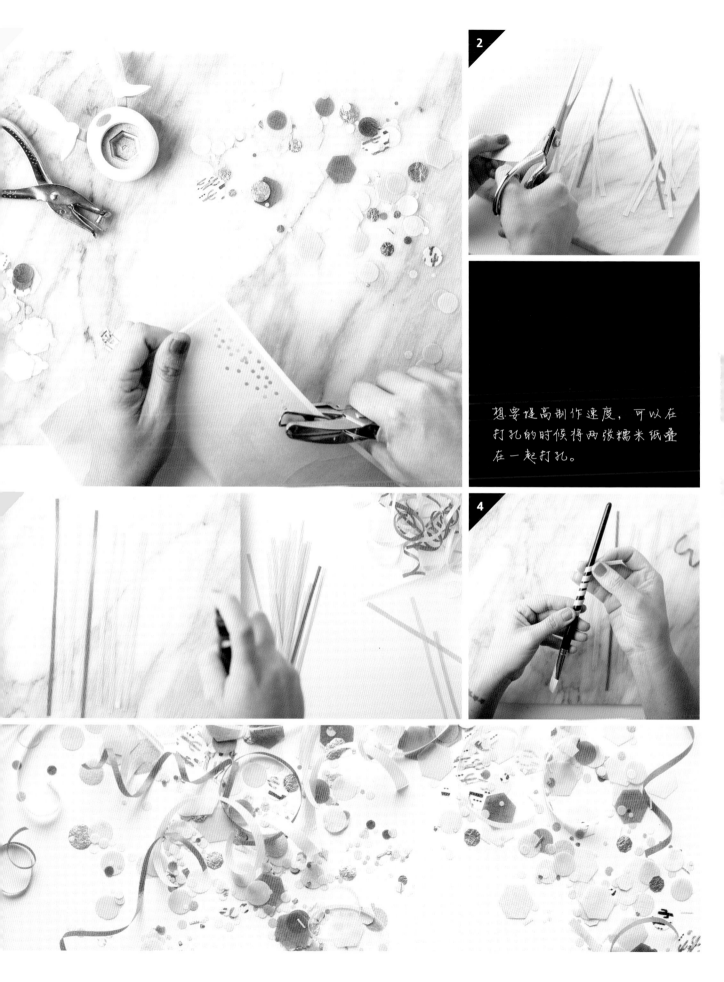

2

4

想要提高制作速度，可以在
打孔的时候将两张糯米纸叠
在一起打孔。

顶部装饰

花冠 Garland

这款花冠装饰能给甜品增加一种波西米亚风格，也可以轻易制作成不同的形状。

你需要

- 绿色 AD-0 糯米纸
- 单片叶子和多片叶子组合裁纸器
- 6 根直径约 0.3 毫米的绿色花艺铁丝，15 厘米长
- 水
- 颜料刷
- 泡沫块
- 金色 AD-4 糯米纸
- 翻糖工艺刀
- 剪刀
- 1 根直径约 1.2 毫米的绿色花艺铁丝，28 厘米长

1. 用裁纸器将绿色糯米纸裁切出约 60 片多叶组合和 90 片单片叶子。根据你需要制作出的树枝构造，你可能需要更多或更少的叶子。

2. 从 15 厘米长绿色花艺铁丝一半长度的位置，放置约 10 片多叶组合和 15 片单片叶子，均匀重叠，用少量水把叶子粘好。然后悬挂在泡沫块的一侧，干燥约 12 小时。一共需要制作出 6 条树枝。

3. 开始准备字母或数字顶饰。把金色糯米纸放在数字模板下（查看 P125），用翻糖工艺刀在糯米纸上刻上压痕，用剪刀沿着压痕剪开。

4. 将 28 厘米长的绿色花艺铁丝弯折成"L"形，较长的一端为 20 厘米，较短的一端为 7.5 厘米。

5. 折叠数字顶部的小标签，用少量水将其粘在铁丝较短的一端。

6. 将之前制作好的树枝缠绕在"L"形花艺铁丝，从短边开始，一直到覆盖住长端约 7.5 厘米处。

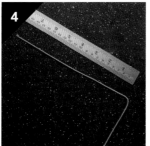

天鹅 *Swan*

花几分钟即可制作出这只美丽的天鹅，给你的蛋糕增加一些奇思妙想。

你需要

- 糯米卡片纸
- 翻糖工艺刀
- 剪刀
- 颜料刷
- 黑色和桃色可食用颜料
- 水
- 用于固定三明治的竹扦

1. 将糯米卡片纸放在天鹅模板上（查找 P124），用翻糖工艺刀沿着模板的形状在糯米卡片纸上压下印痕。用剪刀将天鹅身体部分的纸样和 3 个不同尺寸的翅膀纸样剪出各 2 片，此外还需剪出 6 个加固条。

2. 将天鹅身体的部分面对面放置（以确保在绘画时保持一致性），在喙上涂上桃色可食用颜料，接下来，用黑色可食用颜料勾勒出喙的上边缘。放置一旁静置 30 分钟晾干。

3. 一旦表面干透，就将天鹅翻转过来，在其中一个身体部分的纸样上刷一层薄薄的水。

4. 在湿天鹅身上放一个固定三明治用的竹扦，调整好位置，然后将另一个（干的）天鹅的身体部分放在上面，用力按压以确保两层粘在一起。

5. 将加固条对折，用一点水将半个加固条粘在最大的一片翅膀上。加固条的折叠端应该指向翅膀根部。接下来，用少量水将中号翅膀粘到加固条上，并用力按压以黏合。重复此步骤添加第二个加固条和最小的翅膀纸样。加固条应藏在翅膀内部，不会被看到。所有加固条折叠端应在翅膀底部同一位置处对齐，重复整个步骤制作另一面的翅膀。

6. 用一点水把翅膀贴在天鹅身体的两边，位置大约在固定三明治用的竹扦的两侧，这样两片翅膀的位置就可以比较容易地两边对称了。

顶部装饰

晶体 *Geometric*

这款顶部装饰是一种有趣的传统折纸艺术。它看起来岌岌可危并不稳固，但由于糯米纸非常轻，实际上非常安全。

你需要

- 白色、黑色和浅粉色 AD-0 糯米纸
- 尺子
- 翻糖工艺刀
- 剪刀
- 饰胶
- 颜料刷
- 11.5 厘米长的竹扦
- 泡沫板

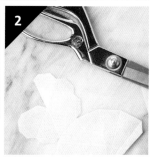

1. 将糯米纸粗糙的一面朝上，放在每个晶体模板的上面（查找 P126、P127），并用尺子辅助，用翻糖工艺刀在每一条直线上留下压痕，注意要保持线条笔直。分别用 3 种颜色的糯米纸做出 3 种形状的纸样。

2. 小心地剪出每一个形状的纸样，注意只剪下外部轮廓实线，虚线部分留在纸样内。

3. 以纸样内部的虚线部分作为指导线，折出晶体的形状。在有颜色的一面（糯米纸光滑的一面）涂上少量饰胶，然后折叠、组装出晶体的形状。

4. 将收口处塞进晶体的侧面内部。
对其余两个纸样重复步骤 3 和 4，完成后将它们放在一边静置 12 个小时晾干。

5. 装配这个晶体装饰：将竹扦插入泡沫板中，露出约 4.5 厘米高度，将粉红色晶体放在竹扦的顶部，然后用饰胶在粉红色晶体顶部固定其他两个形状的晶体。整个造型干燥至少 24 小时以凝固。

制作这种造型时，饰胶需涂得厚一些。为了使饰胶固化，可以事先取一小部分放在一个开放的容器中静置一晚，可以晾干一点。

顶部装饰
仙人掌 *Cactus*

这种快捷又简单的顶部装饰看起来有点古怪但非常流行。它组装起来非常简单，是庆祝活动中的绝佳选择。

你需要

- 糯米卡片纸
- 翻糖工艺刀
- 尺子
- 剪刀
- 颜料刷
- 黑色和白色的可食用颜料
- 水
- 手工流苏剪刀
- 亮粉色 AD-0 糯米纸

1. 将糯米卡片纸放在仙人掌模板上（查找 P125），用翻糖工艺刀沿着模板的形状在糯米纸上留下压痕，直线的部分用尺子辅助，可以更完美地制作出压痕。最后用剪刀剪下仙人掌的形状。

2. 剪好后，把黑色可食用颜料涂在糯米纸正面，让其干燥后，在上面用白色颜料画上白色的小标记作为仙人掌的刺。待仙人掌完全干透后，在糯米纸背面做同样的处理。

3. 两面都干后，把没有分枝的糯米纸样插到带有两个分枝的那片糯米纸样上，确保它们紧贴并齐平。制作完的仙人掌应该能够独立站立。如果立不住，就修剪底部，直至齐平。一旦能立起来，就在仙人掌侧边的裂口处涂少量的水，把它们固定在一起。放在一边干燥。

4. 用手工流苏剪刀剪出一条亮粉色糯米纸流苏，将流苏分为每条约 2.5 厘米长、1 厘米宽的小段。流苏制作好后，在底部（边缘下方）涂上少量水，然后将其卷起形成一朵"小花"。重复此步骤制作出第二朵"花"。

5. 用少量水把"花"粘到仙人掌的最顶端和一个分枝上。

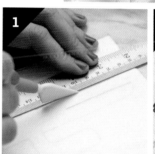
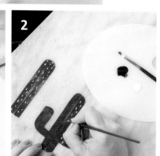

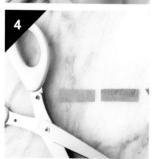

如果你想把这个顶部装饰安装得更牢固，可以在仙人掌的背面粘一根固定三明治用的竹杆，然后再安装到蛋糕上。

纹 理

皮革 *Leather*

皮革纹理用于蛋糕装饰，能做出不同寻常且引人注目的外观，由于糯米纸的多样性，可以轻易实现这种效果。

你需要

- 表层覆盖翻糖的蛋糕坯
- 卷尺
- 尺子
- 黑色 AD-0 糯米纸
- 剪刀
- 放在喷雾瓶内的糯米纸塑形剂
- 黑色花瓣粉
- 大号蓬松刷子
- 水
- 颜料刷

1. 用卷尺和尺子测量出蛋糕的周长和高度。根据测量出的数据将糯米纸剪切成合适的高度和长度。要想装饰整个蛋糕坯，可能需要多张糯米纸。

2. 取一张糯米纸，将粗糙的一面朝上，在整个表面轻轻地喷上糯米纸塑形剂。

3. 待糯米纸塑形剂在纸上渗透 10~20 秒后，拿起它，用双手揉搓出褶皱。

4. 轻轻地打开糯米纸，把它展平放在工作台上，可以看到一些较大的折痕，保持这些纹理完整。对所有备好的糯米纸重复步骤 2~4。

5. 接下来，用一把蓬松的刷子蘸取黑色花瓣粉，在纸上绕着大圈刷一下，以突出纹理，使它看起来更粗糙，呈现磨损皮革的状态。重复这一步骤对所有糯米纸进行处理。

6. 在蛋糕坯的外层刷上一层薄薄的水，将制好的糯米纸皮革片压到蛋糕坯上粘好，糯米纸的接缝处要多涂一些水。

纹 理

金箔 *Metallic*

可食用金箔是世界上最受欢迎和经久不衰的蛋糕装饰品，但价格略昂贵。将金箔依附到糯米纸上可增加金箔的稳定性，而且可以自由选择使用的数量，制作出稀疏或密集的成品。金箔糯米纸一经制成，就可以用剪刀或裁纸机进行裁剪，从而制作出不同的图案，让你能够在蛋糕上添加完全可食用的金色装饰。

你需要

- AD-0 糯米纸
- 饰胶
- 颜料刷
- 可食用金箔转印纸
- 大号蓬松刷子

1. 在糯米纸光滑的一面涂上一层薄薄的饰胶。

2. 将金箔转印纸金色一面朝下，小心地覆在涂有饰胶的糯米纸表面。用手指轻按转印纸背面，使金箔与饰胶粘在一起。

3. 慢慢地揭开转印纸，使金箔留在糯米纸上。如果在揭开的过程中把金箔也揭开了，就再将转印纸覆回去，再次用手指轻按，保证最终揭掉一张干净的转印纸。

4. 重复步骤 3，使整张糯米纸盖满金箔，然后用大号蓬松刷子轻轻扫过金箔表面，除掉可能会产生的不服帖的金箔。

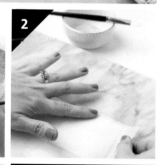

你可以提前制作一些金箔糯米纸，保存在密闭的容器中以备不时之需

纹 理

闪粉 *Glitter*

可食用闪粉在纹理装饰中是一种令人兴奋的元素，并可以将任何设计都变成一个即时的"聚合"！把它应用到糯米纸上会让你更容易控制闪粉。既然能将糯米纸切割、打孔制作成各种尺寸和形状，你就能找到无数创造性的方法来使用这种介质，也可用整张闪粉糯米纸来覆盖整个蛋糕坯。

你需要

- AD-0 糯米纸
- 比糯米纸尺寸大的烘焙纸
- 烤盘或类似物
- 饰胶
- 颜料刷
- 金色可食用闪粉
- 海绵刷

1. 在烤盘内放一张烘焙纸，再放上糯米纸，烘焙纸和烤盘能够收集多余的闪粉。在糯米纸光滑的一面刷上一层饰胶。

2. 小心地将闪粉从容器中倒到涂满饰胶的糯米纸表面。

3. 用海绵刷轻轻地将闪粉推开，直到整张纸都布满闪粉。

4. 拿起糯米纸，将多余的闪粉抖落到烘焙纸上。将糯米纸放置一旁静置 24 小时，直至完全干透。记得将烘焙纸上剩余的闪粉再倒回容器中。

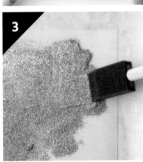

用闪粉来突出塑形后的干佩斯或蛋糕设计中的小元素。

蕾丝 *Lace*

这是给你的设计增加纹理的一种很棒的方法。蕾丝是一种具有现代感的经典花边，长期以来一直是蛋糕装饰行业的主打产品，也是完成你的设计的一个完美的方法。

你需要

- 表层覆盖翻糖的蛋糕坯
- 卷尺
- AD-4 糯米纸
- 剪刀
- 整体花纹打孔器
- 水
- 颜料刷

1. 用卷尺测量出蛋糕的周长和高度，在测量出的周长上再加上 1 厘米，以应用于接下来的糯米纸裁剪。

2. 用测量出的数字剪裁出一片合适的糯米纸。如果你需要使用一张以上的糯米纸来包裹蛋糕坯，则接缝处大约要重合 5 毫米，在重叠的糯米纸之间抹上少量水，以将其固定住。

3. 将打孔器与糯米纸的一角对齐，按顺序在糯米纸上印下蕾丝花纹。

4. 当整张纸都印满花纹后，把它包在蛋糕坯上，在糯米纸接口处刷少量水，按压边缘使它们彼此固定。不需要把纸直接粘在蛋糕上，这样可避免因冷藏或潮湿而引起纸张变化，否则会导致蛋糕表面起皱。

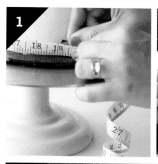

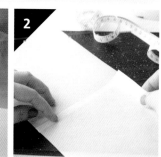

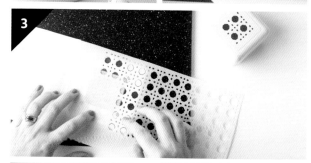

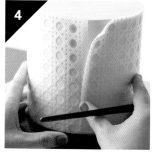

你也可以将蕾丝糯米纸剪切成不同大小，给蛋糕制作花边或其他装饰品。

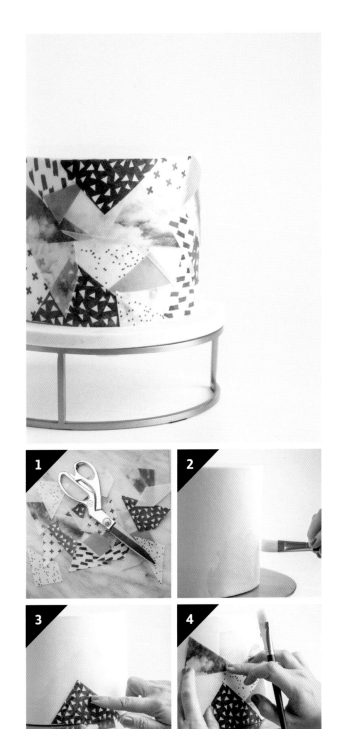

纹 理

拼贴 *Decoupage*

拼贴是把不同花样的纸粘贴在被装饰对象上的一种方式，糯米纸是将这种经久不衰的技艺以可食用的方式诠释出来的完美载体。

你需要

- 五六种不同图案或颜色的 AD-0 糯米纸
- 剪刀
- 饰胶
- 颜料刷
- 表层覆盖白色翻糖的蛋糕坯

1. 用剪刀将糯米纸随意剪成不同的尺寸和形状。在这个方案中，要给蛋糕赋予几何学元素，所以这些糯米纸的形状也应该具有几何学的特点。这种装饰方法适用于任何形状、尺寸或颜色来适配你的设计。

2. 当所有糯米纸都剪好后，在蛋糕坯的翻糖表面涂上一层薄薄的饰胶，从蛋糕的底边缘开始涂到蛋糕的中部。最好分区进行涂抹，这样饰胶就不会在粘糯米纸之前变干了。

3. 从底部开始，贴上第一片糯米纸，如果你选择的这片糯米纸没有一条直边，请在粘贴前先进行修剪，以匹配蛋糕的底边。

4. 接下来将其他各种颜色、图案、尺寸的糯米纸粘贴上去，形状要合适，将底层的翻糖遮盖住。重复这一步不断粘贴新的糯米纸。

5. 为了制作出层次感和纹理状，随机将一些糯米纸粘贴在已经贴好的糯米纸上，在做这一步时，可直接在糯米纸的背面涂抹饰胶。

6. 最后沿着蛋糕的上边缘粘贴糯米纸，确保没有糯米纸高于蛋糕且不露出翻糖。

纹 理

褶边 *Ruffles*

轻盈的褶边能够带来独特的纹理效果。

你需要

- AD-0 糯米纸
- 饰胶
- 颜料刷
- 表层覆盖翻糖的蛋糕坯

1. 取几张糯米纸纵向撕成条，形成纹理。每条的宽度在 2~2.5 厘米之间，但这个宽度在装饰的时候会有变化，所以不需要宽度都一致。纸条的数量取决于蛋糕坯的大小。在这里给出一点参考：直径 5 英寸（约 12.5 厘米）、高 6 英寸（约 15 厘米）的蛋糕需要两张糯米纸。

2. 将每张纸两边只有一半是撕痕的两朵先放置一旁，它们需要作为整个装饰的最后一层。接下来在蛋糕坯上涂一层饰胶，涂满整个蛋糕表面。如果是很大的蛋糕坯，如 12 英寸（约 30 厘米）或更大，就可以分区涂抹操作，防止在粘纸条前饰胶就干了。

3. 首先在蛋糕顶端贴上一条糯米纸条，位置要稍微高于蛋糕的边缘，然后加上新的纸条直到形成一个闭环，新的纸条与之前的纸条在连接处要稍微重叠。

4. 在第一层纸条稍低一点的位置制作下一排褶边。新一排的边缘要与上一排的边缘重叠，确保底层的翻糖能够被完全覆盖住，按压褶边使其粘牢。重复以上步骤不断制作新的一排褶边，一直到蛋糕的底边缘只剩约一小排翻糖还能被看到。

5. 用之前放置一旁的只有一半是撕痕的纸条装饰蛋糕的最后一层，纸条直的那一边与蛋糕的底边齐平。

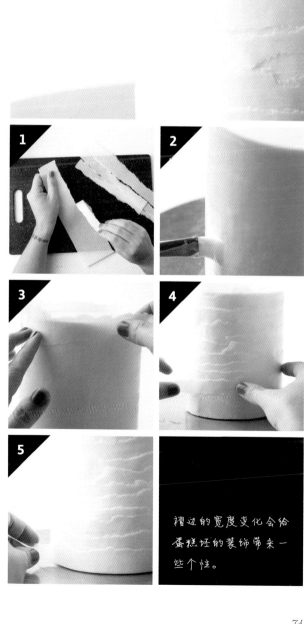

褶边的宽度变化会给蛋糕坯的装饰带来一些个性。

蛋糕

Cakes

精致的先锋派
Subtly Avant Garde

这款蛋糕加入了黑色抽象绘画和金色铆钉元素，让其看起来现代感十足。但浪漫的粉色花毛茛展现出了层层叠叠的花瓣和雅致的绿色花心，给这款设计添加了一抹柔和的色彩，使这款美丽的蛋糕变成了适用于多种场合的"全能型选手"。

你需要

- 小颜料刷
- 黑色可食用颜料
- 蜡纸，高度至少与每层蛋糕坯相同，15 厘米宽
- 码好的表层覆盖白色翻糖的三层蛋糕坯：
  顶层直径 10 厘米（4 英寸）、高 15 厘米，
  中层直径 15 厘米（6 英寸）、高 15 厘米，
  底层直径 20 厘米（8 英寸）、高 20 厘米
- 白色干佩斯
- 硅胶铆钉模具

- 小号擀面杖
- 美工刀
- 水
- 金色荧光粉
- 柠檬萃取液
- 5 毫米平头硬毛刷
- 直径 4 厘米的泡沫球
- 白色涂层巧克力
- 糯米纸花（查找 P23）：
  12~15 朵花毛茛

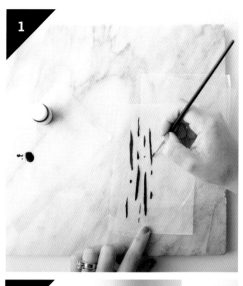

我习惯使用 sweet sticks 牌的黑色可食用颜料，因为这个牌子呈现出的颜色是真正的黑色。很多其他牌子的黑色颜料看起来像添加了紫色或绿色。

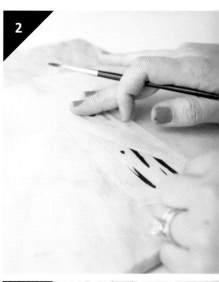

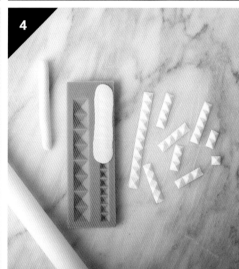

1. 用小颜料刷蘸取黑色可食用颜料在长方形蜡纸的半面上画上一些线条和大小不一的点。这些线条和点要浓密一些。

2. 画好线条和点后将蜡纸纵向对折，使颜料被包裹在蜡纸内部，轻轻摩擦蜡纸，使颜料晕染开。

3. 展开蜡纸，将带有颜料的一面按压在最底部的蛋糕坯上，轻轻摩擦没有颜料的一面，将颜色转印到蛋糕上。

然后小心地将蜡纸揭开扔掉。
在其余的两层蛋糕坯上重复步骤 1~3。

4. 将一小块干佩斯擀成比铆钉模具稍大的条状，把干佩斯条用小号擀面杖按入模具。

5. 将干佩斯从模具中取出，用美工刀去掉多余的边缘。将制好的铆钉条切成不同的长度，放置一旁晾干。

6. 待铆钉干透后，在其背面涂一些水，按压在蛋糕表面，可在蛋糕有颜料的部分随意无序地放置。

7. 将金色荧光粉和柠檬萃取液混合，直到搅拌成均匀的糊状颜料。用平头硬毛刷蘸取金色颜料，小心地将铆钉涂成金色。

8. 将泡沫球切割成半球状，保留其中半个，将剩余的另一半继续切割成 1/4 大小，用于装配糯米纸花。

9. 把白色涂层巧克力涂在 1/4 大小球体的平面部分，将其放置在底层蛋糕和中层蛋糕的边缘。在半个球体的平面部分涂上更多白色涂层巧克力，并放置在蛋糕的最顶端。

10. 把花毛茛的铁丝茎插入泡沫球，调整花朵的位置，使它们紧紧挨在一起，呈现自然的状态和外观。要确保作为底座放置在蛋糕顶端和边缘的泡沫球不会露出来。

金色和灰色
Gilded & Gray

这款简约、现代、带有美学意味的灰金色蛋糕搭配了大簇的花束，整体造型看起来朴素又呈现出勃勃生机，能够使其在众多传统设计中脱颖而出，带给人意想不到的感官体验。

你需要

- 直径 30 厘米的亚克力蛋糕底座
- 码好的表层覆盖深灰色翻糖的三层蛋糕坯：
  顶层直径10 厘米（4 英寸）、高15 厘米，
  中层直径15 厘米（6 英寸）、高15 厘米，
  底层直径20 厘米（8 英寸）、高15 厘米
- 小碗
- 金色荧光粉
- 柠檬萃取液
- 颜料刷
- 泡沫圆锥体，底部直径 5 厘米，高12.5 厘米

- 白色涂层巧克力
- 尖嘴钳
- 钢丝钳
- 糯米纸花（查找 P20、P18、P23、P35、P52、P46）：
  2 朵奥斯汀玫瑰
  3 朵标准玫瑰
  5 朵花毛茛
  3 朵银莲花
  3~5 朵花毛茛或玫瑰花芽
  2 根蕨类植物枝条
  1 根带种子的尤加利树枝条

注意排列花朵的时候要错落有致，不要让它们出现在一个平面上，显得无趣死板。

1. 在一个小碗中混合金色荧光粉和柠檬萃取液，直到两者混合成均匀的糊状颜料。一定要注意，混合物要保持一定的浓稠度，这样在上色的时候才不会滴落下来且不会透出蛋糕的底色。

2. 在顶层蛋糕的下部 1/3 处，用颜料刷蘸金色颜料沿着周长画一个粗糙的、不均匀的金色圈，在中层的相应位置也重复这一操作。

3. 将两层蛋糕金色线条之间的部分用金色混合颜料涂满。

4. 接下来，用融化的白色涂层巧克力将泡沫圆锥体粘在蛋糕底部的亚克力底座上，约在蛋糕正面靠右的位置，安装好后干燥约 10 分钟。

5. 当泡沫圆锥体紧紧地固定在底座上后，开始插花。从最大号的花朵，即奥斯汀玫瑰开始。将奥斯汀玫瑰放在显眼的位置，用于衬托蛋糕。一朵放置在圆锥体底部，一朵放置在顶部。

6. 将其他正常尺寸的花朵排列在剩余的缝隙内。当你的手指无法插入花朵的缝隙中时，可以用尖嘴钳来辅助操作。你还可能会用到钢丝钳来修剪花茎，将花茎完全插入泡沫椎体会看起来更和谐。

7. 这时泡沫圆锥体应该已经基本被花朵覆盖住了，如果还留下了些许缝隙，用小号的花芽来遮住它。

8. 最后，将蕨类植物的枝条一根安装在底部，一根安装在顶端，再将带种子的尤加利树枝条安放在顶端蕨类植物的旁边，这样就完成了整个设计。你可以将枝条轻轻弯曲，使装饰整体看起来更灵动。

高雅的极简艺术
Elegant Minimalism

这款蛋糕通过充满现代感的黑白对比造成大胆的反差，极简的单色突出了金色六边形的结构感，也将大号大丽花的柔和性摆在了焦点位置。

你需要

- 码好的三层蛋糕坯：顶层直径 10 厘米（4 英寸），高 15 厘米，表面覆有白色翻糖；中层直径 15 厘米（6 英寸），高 15 厘米，表面覆有黑色翻糖；底层直径 20 厘米（8 英寸），高 15 厘米，表面覆有黑色翻糖
- 白色、黑色干佩斯
- 黑色翻糖
- 条形挤压器
- 用硬纸板制作的边长为 10 厘米的六边形模具
- 小号、大号擀面杖
- 美工刀
- 尺子

- 透明尺子
- 水
- 颜料刷
- 金色荧光粉
- 柠檬萃取液
- 糯米纸花（查找 P31）：1 朵大丽花
- 4 根带种子的尤加利树枝条（查找 P46）
- 绿色花艺胶带
- 饰胶
- 9 根直径约 0.7 毫米的绿色花艺铁丝，12.5 厘米长
- 白色涂层巧克力

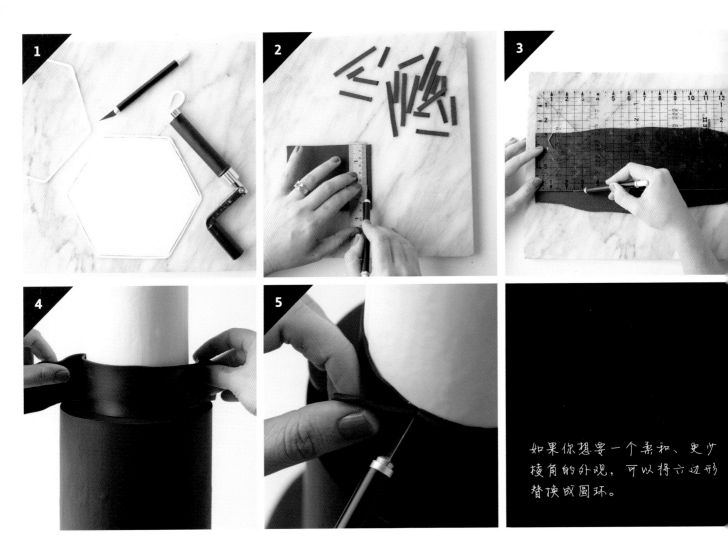

如果你想要一个柔和、更少棱角的外观，可以将六边形替换成圆环。

1. 将白色干佩斯放入条形挤压器中，挤压器前端放置 5 毫米小孔的垫片。挤出约 55 厘米长的干佩斯条。用干佩斯条沿着六边形模具的外缘绕一圈，制作出一个六边形框，接口处用饰胶粘牢，静置约 24 个小时直至完全干透。

2. 用小号擀面杖将一小块黑色干佩斯擀成 5 毫米厚的薄片，然后切割成宽约 5 毫米、长度在 5~10 厘米之间的若干干佩斯条。先把这些小条放置一旁，开始步骤 3。

3. 用大号擀面杖将一块黑色翻糖擀成约 2 毫米厚，至少 5 厘米宽、35.5 厘米长。用一把透明的尺子，辅助将翻糖切割为 5 厘米宽、35.5 厘米长的长方形。

4. 在顶层翻糖蛋糕坯的底部向上 5 厘米处涂上一点水，将做好的长方形翻糖片沿着底部沿线粘贴在蛋糕坯上。

5. 在接缝处用美工刀割掉多余的翻糖，使接缝平整光滑。

6. 在朝向你的蛋糕面上用水粘上不同长度的黑色干佩斯小条。

7. 混合金色荧光粉和柠檬萃取液，将两者搅拌成均匀的中等浓度糊状颜料。用制成的金色颜料给干透的六边形白色干佩斯上色。上色完毕后置于一旁晾干。

8. 将 3 根尤加利树枝条绑在一起，在其相反的方向绑上第 4 根枝条，用绿色花艺胶带将它们固定好。

9. 将绿色花艺铁丝弯曲成"U"形，取其中 5 个小心地将金色六边形的下端固定在底层蛋糕坯的上边缘。

10. 把尤加利树枝条弯曲成六边形底部的形状，用"U"形铁丝固定在蛋糕上。最后，在大丽花背面涂上一点融化的白色涂层巧克力，再把它按压到尤加利树枝的交叉处。用手一直压住，直到涂层巧克力凝固，大丽花能够牢牢地安装在上面。

简单的优雅
Graceful Simplicity

这款雅致又有点俏皮的蛋糕将天鹅与芭蕾舞裙元素结合在一起，在配色上使用了黑色和玫瑰金色。六边形蛋糕坯的加入又给整体造型增添了一些雅致。

你需要

- 表层覆盖黑色翻糖的双层圆形蛋糕坯：
  顶层直径 10 厘米（4 英寸）、高 15 厘米，
  底层直径 18 厘米（7 英寸）、高 15 厘米
- 表层覆盖白色翻糖的两个六边形假蛋糕
  坯：一个对边距离为 13 厘米，高 5 厘米；
  另一个对边距离为 20 厘米，高 5 厘米
- 玫瑰金色和黑色可食用颜料

- 颜料刷
- 2 张白色 AD-0 糯米纸
- 1 张糯米卡片纸
- 水
- 饰胶
- 天鹅顶部装饰（查找 P63）

1. 按照图中所示的顺序堆叠蛋糕坯，然后用玫瑰金颜料涂满每个六边形假蛋糕坯。

2. 将糯米纸剪切成 27 条宽 2.5 厘米、长 28 厘米的纸条，再用卡片纸剪出 9 个宽 2.5 厘米、长 5 厘米的长方形。

3. 将 27 条糯米纸条折成手风琴状，每个褶皱宽约 5 毫米。

4. 在手风琴状糯米纸条的一面涂上一层水。

5. 按压糯米纸条两端，制成一把小扇子的样子。在一个长方形卡片纸上刷一点水，然后把"小扇子"按压在卡片纸上。重复步骤 3 和步骤 4，再制作出两把小扇子，同样粘贴在同一片长方形卡片纸上，这时已经可以覆盖住大部分卡片纸。

重复步骤 3~ 步骤 5，制作出 9 片可以用于装饰的褶边装饰物。

如果你觉得用饰胶粘褶边有
困难的话，可以用白色涂层
巧克力代替。

6. 所有褶边都组装好之后，用一点饰胶将它们粘在蛋糕
表面。在最顶层蛋糕坯的右上角粘 4 个褶边，成为一簇。
剩下的 5 个褶边交错粘到直径 18 厘米的黑色翻糖蛋糕
坯上。

7. 接下来，轻轻涂一点点黑色可食用颜料到褶边的边缘，
来强调褶皱效果。

8. 最后，把天鹅装饰放置在顶端的褶边后面，完成整个
造型。

仙人掌和五彩纸屑
Cactus & Confetti

这款仙人掌和五彩纸屑的组合可能让人觉得有些意外，但如果收到这个有趣的蛋糕，对方一定会很高兴。你也可以轻易地改变蛋糕的颜色组合，使其适应各种场合。

你需要

- 表层覆盖白色翻糖的双层圆形蛋糕坯：
  顶层直径 10 厘米（4 英寸）、高 15 厘米，
  底层直径 15 厘米（6 英寸）、高 15 厘米
- 1 张白色 AD-0 糯米纸
- 剪刀
- 饰胶

- 颜料刷
- 小托盘
- 糯米纸五彩纸屑（查找 P60）
- 三个不同大小的仙人掌顶部装饰（查找 P65）

1. 用剪刀从糯米纸上剪出一个简单的"S"形，这个"S"形应该跟蛋糕层一样高，约15厘米长，7.5~10厘米宽。

2. 用剩余的糯米纸剪出一个简单的"C"形，7.5~10厘米长，7.5~10厘米宽。

3. 把"S"形和"C"形糯米纸光滑的一面朝上放在工作台上，在它们表面粗略刷上一层饰胶。

4. 将小托盘里装满五彩纸屑。拿起"S"形和"C"形糯米纸，使涂有饰胶的一面朝下，放入托盘中。移动糯米纸并按压，使糯米纸表面粘满五彩纸屑，如果仍然有缝隙，可以用手取一些五彩纸屑贴在缝隙处覆盖住。

5. 当糯米纸被完全盖住后，在"S"形糯米纸的背面薄薄地涂一层饰胶。

6. 把"S"形糯米纸贴在上层蛋糕坯上，按压一下。

7. 重复步骤 5 和步骤 6，在底层蛋糕坯上贴上"C"形糯米纸。

8. 沿着两片糯米纸的边缘继续用饰胶粘一些五彩纸屑，将露出的边缘盖住，制作出一个更自然的外观。

9. 从五彩纸屑中找出一些弯曲的细长条，用饰胶随机贴在糯米纸装饰上。

10. 最后，在仙人掌装饰的底部涂一些饰胶，在蛋糕最顶端放 2 个，在边缘处放 1 个。

时代的锋刃
Contemporary Edge

这款庆祝用的蛋糕包含有质感的纹理和带棱角的形状，并融入现代感风格及柔和的配色。用装饰物仿造出晶体破碎的边缘，糯米纸晶体的加入给蛋糕增添了一些趣味性。

你需要

- 三层圆形蛋糕坯：顶层直径 10 厘米（4 英寸）、高 15 厘米，中层直径 15 厘米（6 英寸）、高 15 厘米，两个蛋糕坯的表层都覆盖白色翻糖。底层直径 20 厘米（8 英寸），高 15 厘米，表面覆有皮革纹理
- 黑色和透明的艾素糖块
- 硅胶长方体模具
- 白色、粉色、奶油色（胶状颜料）
- 牙签
- 大号拉链式密封袋
- 松肉锤
- 白色涂层巧克力
- 颜料刷
- 饰胶
- 顶部糯米纸晶体装饰组（查找 P64）
- 单个糯米纸晶体装饰（查找 P64）

多出来的艾素糖块可以放在密封容器中，以后再用到的时候可以重新熔化继续使用。

1. 将黑色艾素糖块熔化，倒入硅胶模具，大约倒至模具的一半，制作糖晶体。

2. 在艾素糖液中滴几滴白色胶状颜料，然后用牙签稍微混合，制作出大理石花纹。不要混合过度，以免变成整个均匀的效果。放置一旁冷却待变硬。

3. 重复步骤1和步骤2，处理透明的艾素糖。在制作的时候加入不同颜色的胶状颜料，做成不同纹路的"宝石"。

4. 待艾素糖液完全冷却变硬后，将每种颜色的晶体分别放入一个大号拉链式密封袋中。用松肉锤将晶体敲打成小块。小块的宝石晶体的形状和尺寸应该是多种多样的。以同样方法处理其他各种颜色的晶体。

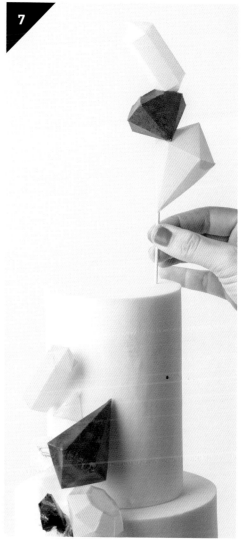

5. 用熔化的白色涂层巧克力把糖晶体粘在顶层蛋糕坯和中层蛋糕坯的左边，及中层蛋糕坯和皮革表面蛋糕坯的右边。在粘的时候记得留一定的位置，用于接下来粘单个糯米纸晶体。

6. 用少量饰胶将单个糯米纸晶体粘在之前粘糖晶体的位置附近。

7. 最后在蛋糕顶端的右边缘放上顶部糯米纸晶体装饰组。

热带纹理
Tropical Textures

这款蛋糕的灵感来源于热带植物的动态和纹理，体现了与这种绿色植物自然联系在一起的狂野感觉。选用简单的单色带来了一种平衡、和谐的质感。这种明亮的白色使野性的热带风格看起来既柔和又带有一点尖锐，可以轻易与其他添加了单一强调色的设计形成对比，使设计看起来更具趣味性。

你需要

- 表层覆盖白色翻糖的双层圆形蛋糕坯：
  顶层直径12.5厘米（5英寸）、高15厘米，
  底层直径18厘米（7英寸）、高15厘米
- 3张糯米卡片纸
- 翻糖工艺刀

- 剪刀
- 饰胶
- 颜料刷
- 白色翻糖
- 水

这款设计可以通过添加颜色的方式快速又简单地改变风格。用可食用色素给蝴蝶上色，可以使其在白色叶子上看起来更生动。

1. 将糯米卡片纸放在热带纹理模板上（查找 P122、P123），用翻糖工艺刀沿着模板的形状在糯米纸上留下压痕。制作出 7 只蝴蝶，4 片棕榈叶，3 片中号龟背竹叶和 2 片大号龟背竹叶。

2. 用剪刀剪下所有压好的形状。

3. 待所有装饰物都剪好后，小心地折叠蝴蝶的翅膀，使它们看起来更立体生动。折好后放置一旁备用。

4. 用一点饰胶将叶片贴在蛋糕的适当位置。第一层叶片要位于蛋糕正面偏左的位置，自上而下像瀑布一样整个流泻下来。

5. 粘贴第二层叶片前，将一小块翻糖用饰胶粘到之前粘贴的第一层叶片上，可以起到垫片的作用，使两层叶片之间留有空隙，整体造型看起来更有立体感。

6. 在翻糖垫片上刷一点饰胶，然后将第二层叶子按压到翻糖上。重复步骤 5 和步骤 6，将所有叶子都粘好。

7. 将叶子粘好后，在蝴蝶的背面刷一点水，随意地粘在叶片上。

夜空庆典
Celestial Celebration

这款设计如同一首现代的摇篮曲，适用于各种庆祝日活动。这款蛋糕可以作为一个"特殊起点"的纪念，为生日、周年纪念日、婴儿诞生日等独特、辉煌的时刻添彩。

你需要

- 表层覆盖白色翻糖的双层圆形蛋糕坯：顶层直径 12.5 厘米（5 英寸）、高 15 厘米，底层直径 18 厘米（7 英寸）、高 15 厘米
- 3 张干玫瑰色 AD-0 糯米纸
- 边长 15 厘米的方形金箔糯米纸（查找 P67）

- 各种星形打孔器
- 选好的星座照片
- 饰胶
- 金色荧光粉
- 柠檬萃取液
- 颜料刷
- 顶端花冠装饰（查找 P62）

如果你觉得徒手画直线有些困难，可以在画的时候用糯米纸直的边缘辅助。

1. 用干玫瑰色的糯米纸对直径为 18 厘米的蛋糕坯进行褶边装饰（查找 P71），然后用趁手的工具（如图所示）堆叠两个蛋糕坯，放置一边备用。用星形打孔器在金箔糯米纸的一侧制作出大量不同形状和尺寸的星星装饰。

2. 对照你选好的星座照片，将星星装饰用饰胶粘到上层蛋糕坯上相应的位置，复制出星座的轮廓。

3. 当构成星座的主星位置确定后，混合金色荧光粉和柠檬萃取液，将两者搅拌成均匀的中等浓度的糊状颜料。用刷子蘸取金色颜料勾勒出星座的线条，连接不同的星星，完成星座造型。

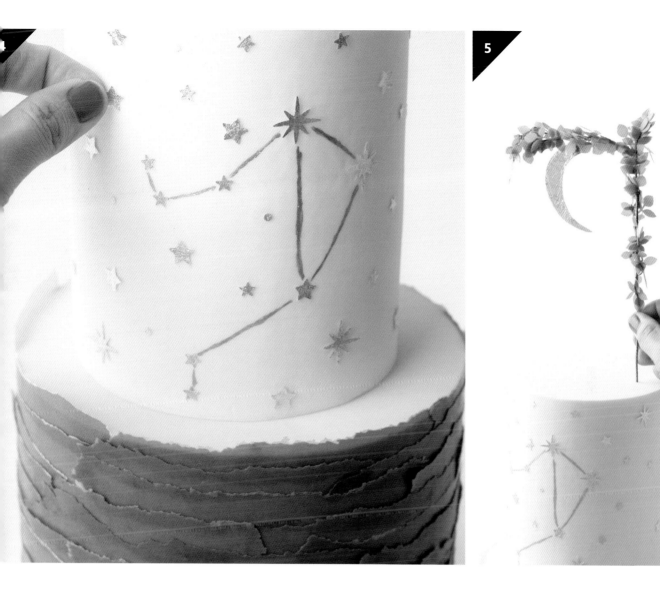

4. 待星座画好后，将剩余的星星装饰围绕着刚刚制作好的星座随意粘在顶层蛋糕坯侧面，粘的时候用饰胶固定它们。如果你觉得比较小的星星难以粘牢，可以用颜料刷的尾端或是小镊子加以辅助。

5. 利用模板（查找 P125）和金箔糯米纸剪出一个金色的月亮，添加到花冠装饰上。最后，把花冠装饰插到蛋糕的最顶端，靠近顶层蛋糕坯的右边缘。此时月亮大约悬挂在蛋糕上方正中间的位置，向下用力，使花冠底端的叶子接触到蛋糕表面，铁丝部分全部隐藏在蛋糕内，不会露出来。

克制的修饰
Modestly Adorned

这款设计将白色蕾丝蛋糕的经典细节升级为精致的个性单品。蛋糕的主体上布满突出的白色纹理，并加入了赚人眼球的三角梅和金色垂饰。简单的配色混搭纹理设计，呈现出一个别致、浪漫的整体造型，一定会给大家留下不可磨灭的深刻印象。

你需要

- 表层覆盖白色翻糖的三层圆形蛋糕坯：
  顶层直径 10 厘米（4 英寸）、高 15 厘米，
  中层直径 15 厘米（6 英寸）、高 15 厘米，
  底层直径 20 厘米（8 英寸）、高 15 厘米
- 蕾丝纹理糯米纸（查找 P69）
- 条形挤压器
- 白色翻糖
- 翻糖工艺刀
- 颜料刷

- 水
- 金色荧光粉
- 柠檬萃取液
- 约 60 朵三角梅（查找 P43）
- 绿色花艺胶带
- 直径 5 厘米的泡沫球，切成两半
- 白色涂层巧克力
- 竹扦

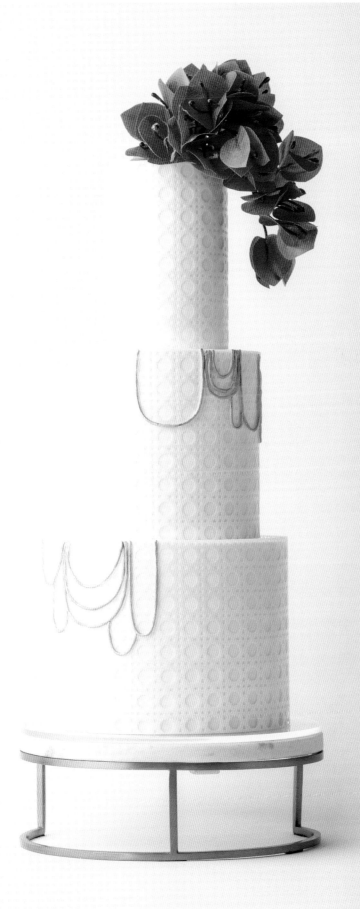

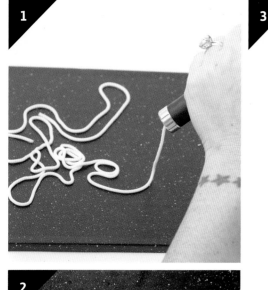

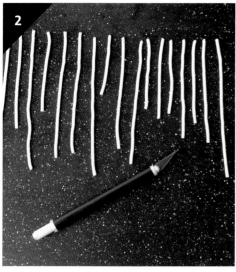

因为那些翻糖绳是用水粘到糯米之上的，所以你没办法再次调整翻糖绳的位置，在粘到蕾丝糯米纸上之前一定要确定好翻糖绳的位置。

1. 将蛋糕坯用蕾丝纹理糯米纸包好，堆叠好，确保糯米纸与蛋糕边缘的"接缝"处对齐。将蛋糕坯堆叠好后，在条形挤压器的顶端装上带有 3 毫米小孔的垫片，压出翻糖绳。

2. 将翻糖绳切割成不同长度的条，最短的约 7.5 厘米，最长的约 15 厘米，其他的在这两个长度之间，长短不一。

3. 在翻糖绳的背面刷上一点水，然后安装在蛋糕上。先在中层蛋糕坯上的上边缘贴一条，使其看起来呈现自然下垂的效果，然后在同一层继续追加其他翻糖绳，互相之间要留有一定的空隙。

4. 用同样的方法继续粘上更多的翻糖绳。由于翻糖绳长短各不相同，做出造型的尺寸也各不相同，这就是我们最终想要达到的效果。可以将多条绳子进行重叠，也可以在现有的翻糖绳之间加上较短的绳子，以制作出更具层次感的效果。

5. 混合金色荧光粉和柠檬萃取液，将两者搅拌成均匀的中等浓度的糊状颜料。用小刷子蘸取金色颜料，小心地给所有翻糖绳上色。

6. 取 10 朵三角梅用绿色花艺胶带粗略地绑在一起，变成一束。制作出 4 束这样的花束。

7. 在半个泡沫球的平面部分涂满熔化的白色涂层巧克力。

8. 将泡沫球涂有巧克力的一面朝下，放置在顶层蛋糕坯的右边缘。为了将小球固定住，可以在泡沫球正中间插入一根竹扦，一直插到蛋糕坯中。

9. 将 4 束三角梅插入小球，几束花尽可能挨得紧一点，但要把大部分小球遮住。

10. 最后，取几朵单朵三角梅插到小球余下的缝隙中，将整个小球遮盖住。用剩余的单朵三角梅制作成流泻下来的瀑布造型，装饰在蛋糕顶层右边缘。

现代派
Modern Alignment

这款蛋糕设计运用了清晰的线条、迷人的三角形和意想不到的色彩。图案设计大胆，但用糯米纸花中和软化了整体造型。虽然蛋糕看起来比较有视觉冲击力，令人印象深刻，但其实制作的时候所用的绘画技术简单易学，只需要少量材料就很容易快速上手。

你需要

- 双层圆形蛋糕坯：顶层表层覆盖桃粉色翻糖，直径 12.5 厘米（5 英寸）、高 15 厘米；底层表层覆盖白色翻糖，直径 18 厘米（7 英寸）、高 15 厘米
- 桃粉色、褐色、灰色、白色可食用色素
- 颜料刷
- 调色盘
- 窄纸胶带
- 金色荧光粉
- 柠檬萃取液

- 白色涂层巧克力
- 直径 7.5 厘米的泡沫球，切成两半
- 尖嘴钳
- 铁丝剪
- 糯米纸花（查找 P27、P16、P23）：
  1 朵芍药
  3 朵花园玫瑰
  4 朵花毛茛
- 2 根圆叶尤加利树枝条（查找 P48）

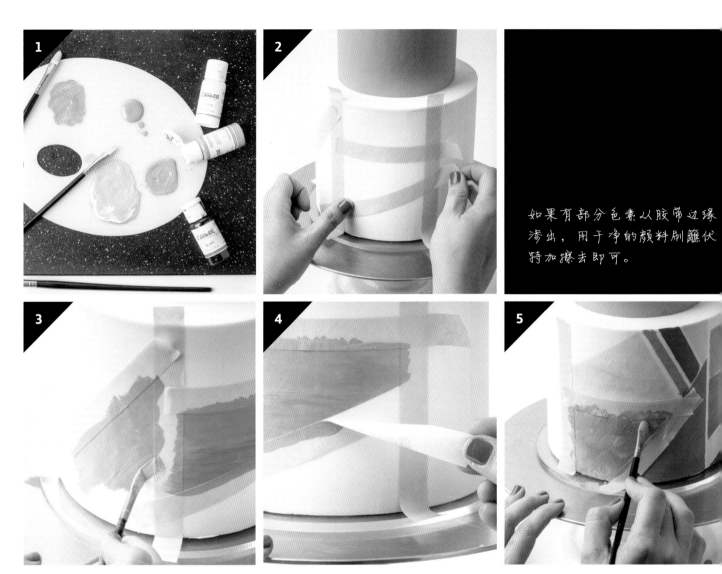

如果有部分色素从胶带边缘渗出，用干净的颜料刷蘸伏特加擦去即可。

1. 在调色盘上混合少量桃粉色和褐色可食用色素，直到得到和顶层蛋糕坯相同的颜色。然后在调色板上用灰色可食用色素挤出 3 个独立的点，在中间点上加一些白色，以得到比颜料原本颜色稍微浅一些的灰色，再在第三个点上加入更多白色，以得到比其他两个灰色更浅的灰色。

2. 在白色蛋糕坯上贴上窄纸胶带，形成几何图形。用力按压纸胶带的边缘，确保在下一步骤中色素不会从纸胶带边缘渗出。

3. 随意选择不同的颜色填充几何图形，并保留一些白色部分。涂好后待颜料彻底晾干。

4. 从几何图形的一端开始，慢慢撕下纸胶带，将纸胶带移除。

5. 接下来，在蛋糕层的其他部分重复步骤 2~4，直到蛋糕的翻糖层布满几何图形。注意，在将纸胶带贴到蛋糕上时，应与现有的已绘制好的形状间留下约 5 毫米的间隙。

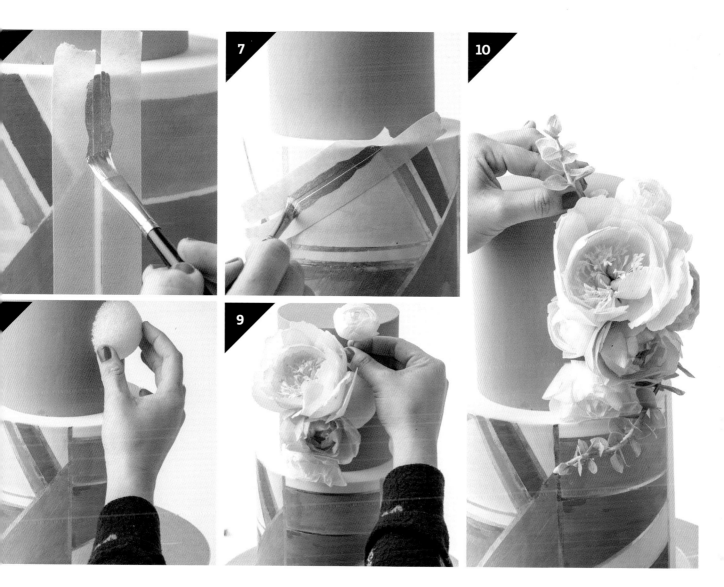

6. 几何图形绘制好后，需完全干燥。不同图案所需的干燥时间不同，但都需要 5~10 分钟。当图案干透后，用纸胶带间隔出图案之间 5 毫米的间隙。混合金色荧光粉和柠檬萃取液，将两者搅拌成均匀的中等浓度的糊状颜料。用这种金色颜料涂满纸胶带之间的缝隙。

7. 继续重复步骤 6，直到图案之间的所有线条都涂成金色。

8. 用加热熔化后的白色涂层巧克力将半个泡沫球粘到蛋糕的顶层蛋糕坯上。把它放置在蛋糕的右侧面，大约在顶层蛋糕坯侧面的中间位置。

9. 将糯米纸花进行垂直状的排列，从芍药花开始，然后插入其他花，将泡沫球盖起来。如果有必要，可以用铁丝剪将花茎剪短。此外，还可以用尖嘴钳来辅助进行插花。

10. 最后，在造型中添加两根圆叶尤加利树枝条，一根在顶部，另一根在底部，根据需要弯曲它们，使整体造型看起来更加自然。

野性美
Wild Beauty

这款蛋糕类似于表现主义流派的画作，抽象的笔触是它的特点，给人利落、紧凑的感觉，线性的边界看起来锋利、摩登。结合这些技术，这款设计糅合着一种混乱感，可以以任意的颜色呈现出来，适用于多种庆祝场合。

你需要

- 表层覆盖白色翻糖的双层圆形蛋糕坯：顶层直径 10 厘米（4 英寸）、高 15 厘米，底层直径 15 厘米（6 英寸）、高 15 厘米
- 窄纸胶带
- 粉红色、桃粉色、白色、灰色、黑色和褐色可食用色素
- 颜料刷
- 直径 7.5 厘米的泡沫球，平均切成四份

- 白色涂层巧克力
- 尖嘴钳
- 铁丝剪
- 糯米纸花（查找 P20、P16、P23）：
  1 朵奥斯汀玫瑰
  1 朵花园玫瑰
  2 朵花毛茛
- 1 根带种子的尤加利树枝条（查找 P46）

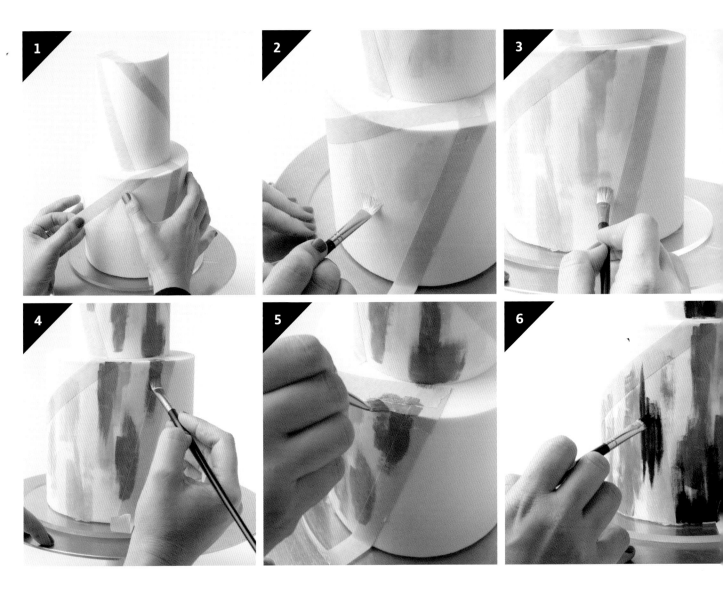

1. 用窄纸胶带在顶层和底层蛋糕坯上制作出两个大的角。用力按压纸胶带的边缘，确保在下一步骤中色素不会从形成几何图形纸胶带边缘渗出。

2. 从桃粉色可食用色素开始，在形成几何图形纸胶带线之间的空间内刷上小的垂直条纹。

3. 用同样的方法，画上更多的相同的粉红色条纹。

4. 接下来，用褐色重复上一步骤。

5. 用同样方法加上灰色色素。此时，纸胶带间 80%~90% 的空间已涂满了颜色。

6. 用黑色色素填充最后几块白色部分。

7. 最后，用一把薄的颜料刷在色素区域内随意添加一些细白线，以增添一些趣味效果，打破所有较粗条纹的厚重感。上色完成后，轻轻地将纸胶带从蛋糕的侧面拉开一个角，去除纸胶带。

8. 用加热熔化后的白色涂层巧克力，将1/4个泡沫球粘在双层蛋糕坯连接处的左侧，静置干燥2~3分钟。

9. 从大的奥斯汀玫瑰开始，把糯米纸花插进泡沫球里，然后在奥斯汀玫瑰背后的两边加上其他花。这些花应该紧贴在蛋糕的边上。如有需要，可用铁丝剪剪断花茎。此外，还可以用尖嘴钳来帮助安插花朵。

10. 最后，将带种子的尤加利树枝条插入泡沫球的后部，然后向前弯折，注意要把它插到糯米纸花的下面。

现代感与大理石
Modern & Marbled

这款蛋糕包含了各种独特的设计元素，巧妙地将它们结合起来，形成一种特别外露的现代造型。六边形的锐利感被带有大理石花纹的翻糖所削弱，而带有金色镶嵌物的纸风车则呈现出一点古怪的边缘感。

你需要

- 表层覆盖白色翻糖的三层圆形蛋糕坯：
  顶层直径 10 厘米（4 英寸）、高 15 厘米，
  中层直径 15 厘米（6 英寸）、高 15 厘米，
  底层直径 20 厘米（8 英寸）、高 15 厘米
- 六边形假蛋糕坯，对边距离为 25 厘米，
  高 5 厘米
- 起酥油（白色植物油）
- 450 克白色翻糖
- 黑色胶状色素
- 牙签

- 大号擀面杖
- 保鲜膜
- 白色涂层巧克力
- 六边形饼干模
- 水
- 颜料刷
- 金色荧光粉
- 柠檬萃取液
- 6 个尺寸各异的糯米纸风车（查找 P15），图案为黑色或白色

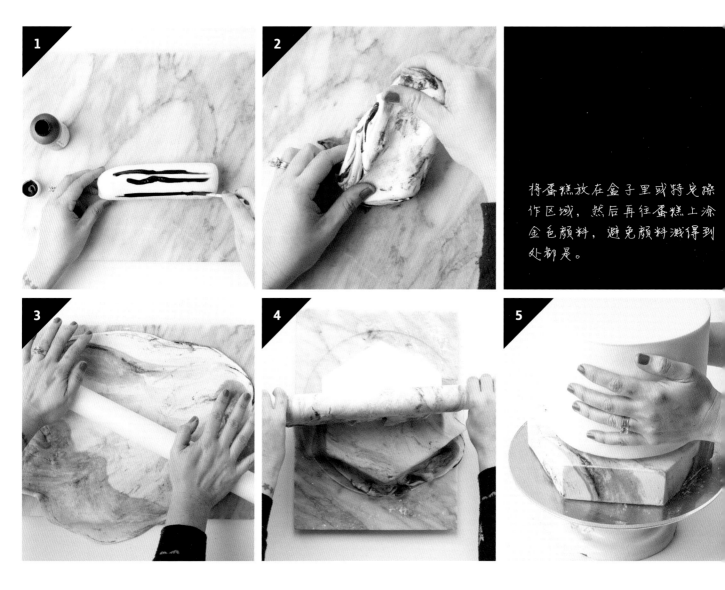

1. 在六边形假蛋糕坯的表面涂一层薄薄的起酥油，然后将白色翻糖揉成一个圆柱形。用牙签蘸取黑色胶状色素，从圆柱顶部开始画上几条黑色线条。

2. 小心地将圆柱翻糖折叠起来，轻轻地揉搓，直到颜色开始融入其中。在颜色完全混合之前停止揉搓，让它看起来像大理石花纹。

3. 用擀面杖把揉好的翻糖擀平，擀好的翻糖皮直径至少为 35.5 厘米，厚度至少为 3 毫米。

4. 用擀面杖拿起擀好的翻糖皮，将其放在六边形假蛋糕坯上。使翻糖皮从假蛋糕坯的边缘平滑地垂下，然后将底部多余的部分去掉。不要把多余的翻糖皮揉成一团，而是将其放在一边，用保鲜膜盖住，防止它过快干燥，保留到步骤 6 继续使用。

5. 在六边形蛋糕坯的顶部涂上少量加热熔化后的白色涂层巧克力，然后将直径 20 厘米的底层蛋糕坯堆叠到它的上方，再用你喜欢的方式依次堆叠其余蛋糕层。

6. 将剩余的大理石翻糖皮擀至约 2 毫米厚，然后用六边形饼干模切出约 55 个六边形，将它们放在一边，用保鲜膜松散地盖住，防止它们干燥得太快。

7. 从中层蛋糕坯的底部开始，在六边形翻糖片的背面涂少量水，沿着下边缘像贴瓷砖一样紧紧地贴两三排六边形。贴好后，在上方随机放置一些六边形。

8. 待所有六边形都装饰好后，在碗里混合少量的金色荧光粉和柠檬萃取液，将两者搅拌成均匀的中等浓度的糊状颜料。用刷子蘸取混合物，立即朝蛋糕的正面猛甩，形成不规则的飞溅效果，颜料主要集中在覆有六边形翻糖的一层。重复此步骤，直到蛋糕上泼溅的痕迹达到令你满意的效果。

9. 最后，用熔化的白色涂层巧克力做"胶水"，将糯米纸风车粘在蛋糕正面，手指按住每个风车不动，停留一会儿，使每个风车最后都能固定在适当的位置，不会向下滑动。

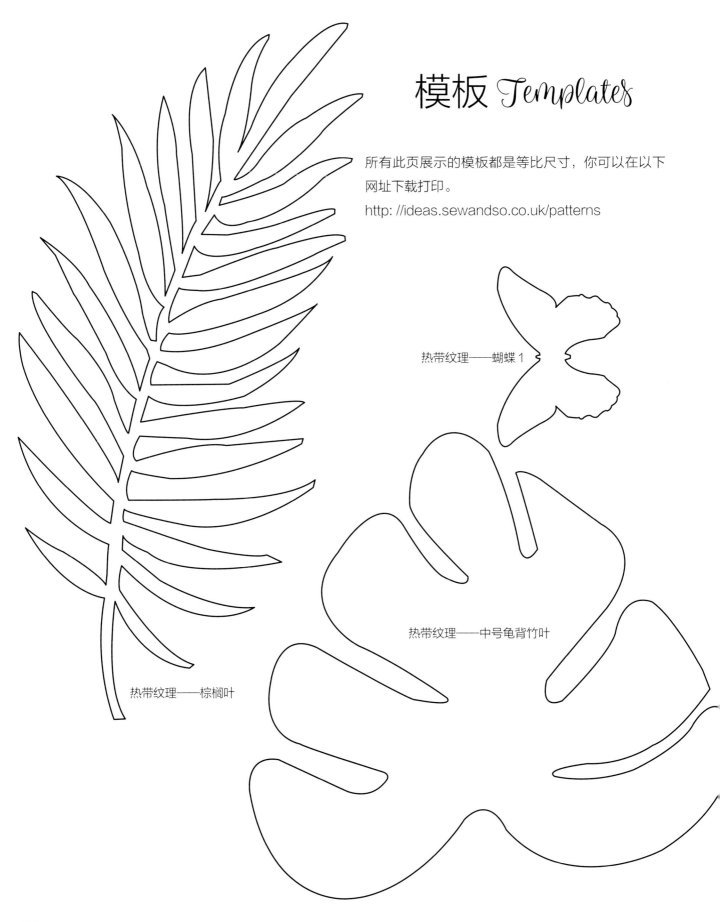

模板 Templates

所有此页展示的模板都是等比尺寸，你可以在以下网址下载打印。
http://ideas.sewandso.co.uk/patterns

热带纹理——蝴蝶 1

热带纹理——中号龟背竹叶

热带纹理——棕榈叶

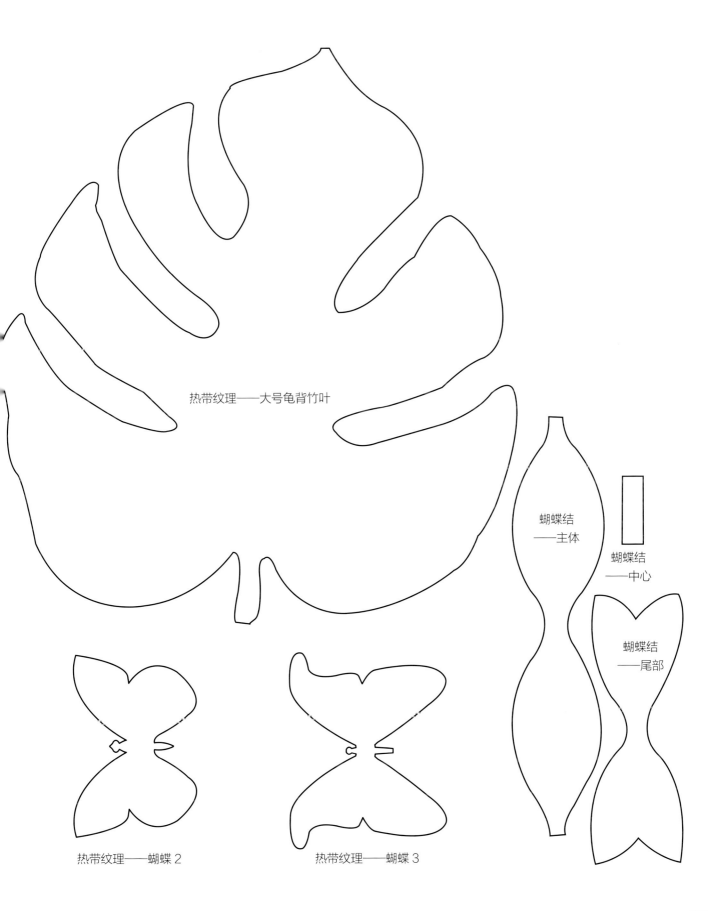

热带纹理——大号龟背竹叶

蝴蝶结
——主体

蝴蝶结
——中心

蝴蝶结
——尾部

热带纹理——蝴蝶 2

热带纹理——蝴蝶 3

芍药——小号花瓣

芍药——中号花瓣

芍药——大号花瓣

三角梅花瓣

纸玫瑰
——中号花瓣

纸玫瑰——大号花瓣

虞美人花瓣

纸玫瑰
——小号花瓣

柑橘叶

虞美人
背部固定条

天鹅——翅膀1

天鹅——翅膀2

天鹅

天鹅——翅膀3

天鹅——加固条

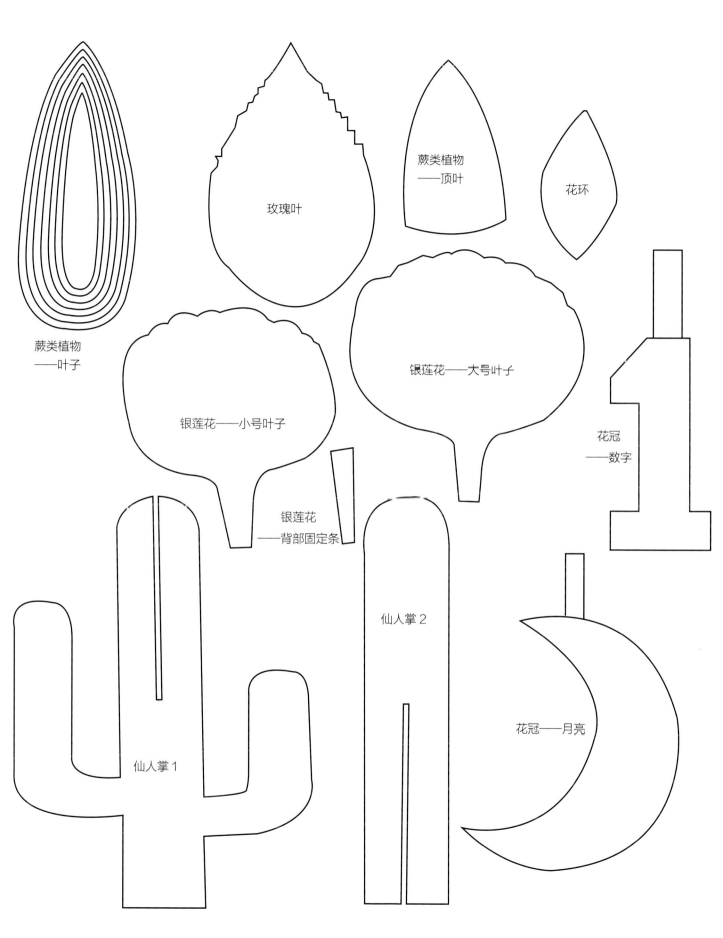

蕨类植物
——叶子

玫瑰叶

蕨类植物
——顶叶

花环

银莲花——小号叶子

银莲花——大号叶子

花冠
——数字

银莲花
——背部固定条

仙人掌2

仙人掌1

花冠——月亮

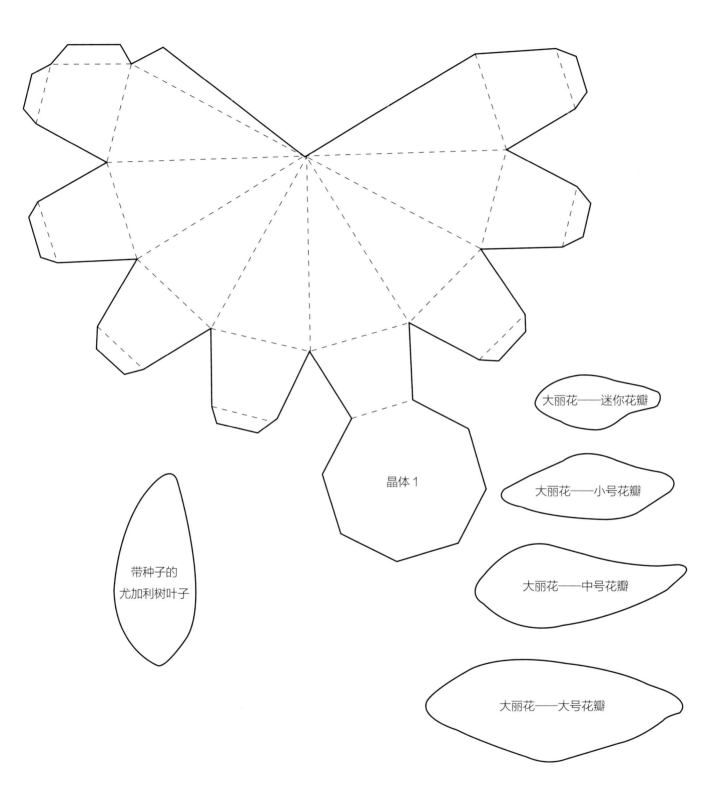

晶体 1

带种子的
尤加利树叶子

大丽花——迷你花瓣

大丽花——小号花瓣

大丽花——中号花瓣

大丽花——大号花瓣

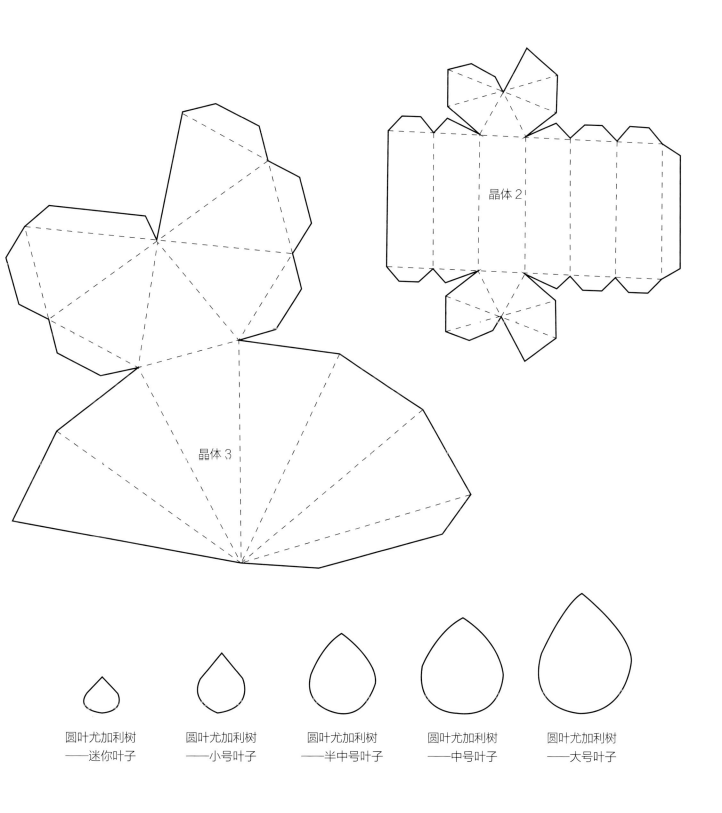

晶体 2

晶体 3

圆叶尤加利树
——迷你叶子

圆叶尤加利树
——小号叶子

圆叶尤加利树
——半中号叶子

圆叶尤加利树
——中号叶子

圆叶尤加利树
——大号叶子

糯米纸，作为一种新型的蛋糕装饰介质，以其塑形强、轻便、逼真的优势在蛋糕装饰界获得了一席之地。本书从基础工具、材料介绍起，带您慢慢步入糯米纸装饰的美妙之路；再以玫瑰、芍药及基础叶子、装饰物为切入点，带您掌握糯米纸装饰的基本技巧；最后发挥您的奇思妙想，将这些基本元素充分组合成独属您的那个蛋糕。

本书可供专业烘焙师学习，也可作为烘焙"发烧友"的兴趣用书。愿糯米纸能为您的蛋糕装饰工艺带来新的创意和灵感。

图书在版编目（CIP）数据

糯米纸蛋糕装饰工艺 /（英）施泰维·奥布尔（Stevi Auble）著；
伍月等译. — 北京：机械工业出版社，2019.7
（蛋糕装饰技法丛书）
书名原文：Wafer Paper Cakes: Modern Cake
Designs and Techniques for Wafer Paper Flowers and More
ISBN 978-7-111-62877-4

Ⅰ.①糯⋯　Ⅱ.①施⋯ ②伍⋯　Ⅲ.①蛋糕 – 糕点加工
Ⅳ.①TS213.23

中国版本图书馆CIP数据核字（2019）第106012号

机械工业出版社（北京市百万庄大街22号　邮政编码100037）
策划编辑：卢志林　　责任编辑：卢志林
责任校对：杜雨霏　　封面设计：张文贵
责任印制：孙　炜
北京利丰雅高长城印刷有限公司印刷

2019年10月第1版第1次印刷
210mm×260mm・8印张・218千字
标准书号：ISBN 978-7-111-62877-4
定价：58.00元

电话服务　　　　　　　　网络服务
客服电话：010-88361066　机 工 官 网：www.cmpbook.com
　　　　　010-88379833　机 工 官 博：weibo.com/cmp1952
　　　　　010-68326294　金 书 网：www.golden-book.com
封底无防伪标均为盗版　　机工教育服务网：www.cmpedu.com